자연해부도감

NATURE ANATOMY

자연해부도감

대자연의 비밀을 예술로 풀어낸
아름다운 과학책

줄리아 로스먼 글·그림
이경아 옮김 | 이정모 감수

더숲

일러두기

· 각주는 옮긴이주입니다.
· 우리나라에 서식하지 않아 공식적인 한글 명칭이 없는 경우, 많이 통용되는 명칭으로 표기했습니다.
· 176~177쪽의 새소리는 〈제주도 자연환경생태정보시스템〉과 〈두산백과사전〉을 참조했습니다.

머리말

몇 년 전 나는 전작인 《농장해부도감Farm Anatomy》 작업을 마무리했다. 이 과정에서 먹을
거리를 마련해 저장하고 동물을 분류하고 곡식을 수확하는 방식에 놀라운 부분이 많다
는 사실을 알게 되면서 자연히 '초록'으로 상징되는 자연에 대해 알고 싶다는 갈증이 더욱 커졌
다. 비록 도시에 살고는 있지만 자연을 탐구하는 여행은 앞으로도 계속해나갈 생각이다.

나는 뉴욕 브롱크스의 시티아일랜드에서 성장기를 보냈다. 대개의 섬들이
그렇듯 거리 한쪽 끝이 해변으로 통해 있는 곳이었다. 뉴욕의 상징인 고층빌
딩들이 바다 건너편에서 빛나는 모습을 볼 수 있는 곳이었지만, 내 어린 시절
의 일상은 조개껍데기를 주워 분류한다든지 투구게의 배를 관찰한다든지 바
닷물을 들이켜는 일들로 꽉 차 있었다. 여름이면 여동생과 함께 뉴욕 북부의
숲에서 하이킹을 했는데, 딸들이 행여 벌레에 물릴까 걱정하는 어머니를 안심
시켜 드리려고 벌레기피제를 잔뜩 뿌려둔 텐트에서 잠을 잤다.

나는 자연을 정말 좋아하는 아이였다. 메인 주로 가족 휴가를 떠나거나 집
근처에 있는 통나무집으로 주말여행을 가는 등 야외에서 이루어지는 모험이
라면 마다하지 않고 손꼽아 기다렸다. 하지만 나이를 먹으면서 나는 뼛속 깊
이 도시 사람이 되었다. 십대 시절은 도심의 클럽을 몰래 드나들거나 로어이
스트사이드 거리에서 친구들과 어울려 다니느라 흘러가버렸다. (과학교사인
아버지의 권유로) 살아있는 곤충 채집과 수정 키우기를 좋아하던 아이는 어느
덧 청치마에 흑백 체크무늬 스타킹을 신고, 유니언스퀘어에서 스케이트보드를
타는 반항기 가득한 사춘기 소녀로 변해 있었다.

현재 나는 뉴욕 도심부인 브루클린의 파크슬로프에 살고 있는데, 우리 집은 프로스펙트 파크 입구에서 가까운 몇 안 되는 건물들 가운데 하나다. 이 공원은 내가 매일 시간 날 때마다 개를 데리고 산책을 하거나 오래달리기를 하는 곳이다. 이렇게 잠깐 바람 쐬는 걸 두고 '자연 산책'이라 부르는 것이 지나친 호들갑일지는 모르겠지만 매일 잠시나마 초록의 자연에 에워싸이는 시간은 내게 더없이 소중하다. 지하철에서 파김치가 되고 나서도 산책을 나서면 풀 냄새를 맡을 수 있을 만큼 정신이 또랑또랑해진다. 산책을 할 때면 나는 뭔가 더 알고 싶은 욕심에 공원을 두리번거린다. 잎이 예쁘게 생긴 저건 무슨 나무지? 작년에 봤던 저 꽃들은 언제쯤 다시 필까? 머리 위로 날아다니는 저 녀석들은 진짜 박쥐일까? 사랑 놀음을 하느라 바짝 몸을 붙인 잠자리 떼를 지켜보는 건 또 얼마나 재미있는지!

이렇듯 내 호기심은 점점 커져갔고 결국 이 책이 나오게 되었다. 글을 쓰고 그림을 그리면서 나는 향수 어린 장소를 다시 떠올렸다. 그곳을 출발점으로 해서 어릴 적 내 호기심을 자극했던 것들의 진면목을 살펴볼 수 있었다.

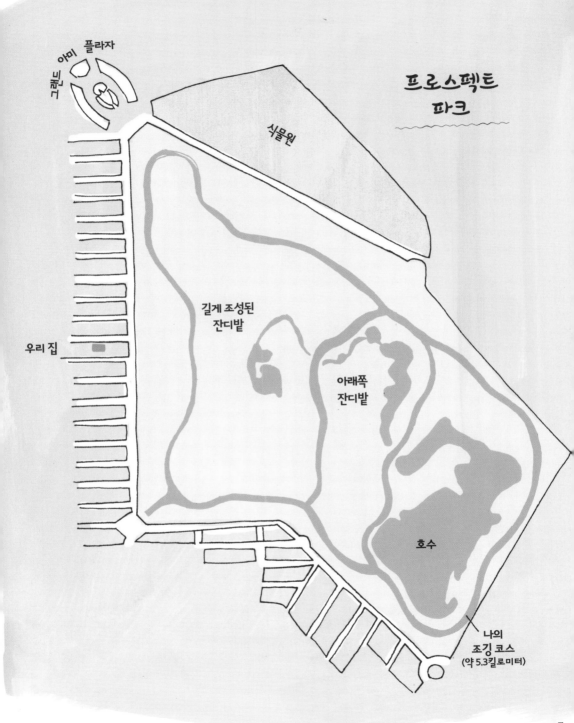

그랜드 아미 플라자

식물원

프로스펙트
파크

우리 집

길게 조성된
잔디밭

아래쪽
잔디밭

호수

나의
조깅 코스
(약 5.3킬로미터)

7

앞서 내가 잠깐의 산책을 '자연 산책'이라 부른 것을 생각해보면 이 책을 '자연책'이라 부르는 것은 자연스러운 일이다. 책을 아무리 크게 만든다 해도 우리를 둘러싼 거대한 세계의 아주 작은 일부도 한 권에 담아낼 수는 없을 것이다. 그렇다면 이 책은 어디서 끝나게 될까? 별자리부터 지구의 핵에 이르기까지 배워야 할 것이 무궁무진하다. 하여 이번 프로젝트를 '나의 자연책'이라고 하면 어떨까 하는 생각도 든다. 이 책에는 내가 관심을 갖고서 알아내고자 했던 것들, 그리고 싶었던 것들이 담겨 있다. 그동안 지나칠 때마다 궁금했던 동식물, 나무, 풀, 곤충, 강수량, 육지, 수역 등을 이번 자연책 작업을 통해 제대로 공부할 수 있었다. 비록 겉으로 보기에 그리 완벽한 책은 아니지만 말이다.

자신의 풍성한 텃밭에서 수확한 것으로 무슨 요리를 만들었는지, 이웃집 마당에서 벌레 먹은 나무를 어떻게 살려냈는지, 식재료로 쓸 만한 것을 뒷마당에서 어떻게 찾아냈는지 들려준 친구 존은 언제나 내게 큰 울림을 주는 자연의 목소리나 다름없다. 이 책을 기획하는 과정에서 나는 존에게 책의 방향을 잡아줄 것과 아울러 내가 미처 찾아내지 못한 재미있는 소재가 있으면 알려달라고 부탁했다.

어느 날 오후 프로스펙트 파크를 산책하면서 존은 풀잎 몇 개를 집어 들고 내게 먹어보라고 권했다. 개가 풀 위에 용변을 봤을지도 모른다는 생각에 다소 꺼림칙했지만 나는 마지못해 풀잎을 입에 넣고 씹어보았다. 그 사이 존은 풀잎 맛에 대한 내 반응을 지켜보며 재미있어 했다. 우리는 공원을 걸으며 먹을 수 있는 것이라면 무엇이든 눈에 보이는 대로 집어 들어 맛을 본 뒤 쓴맛, 단맛, 식감 등에 대해 이런저런 의견을 나누었다. 그때까지 집 근처 공원에서 그토록 다채로운 샐러드를 만들 수 있으리라고는 전혀 상상도 못해본 터였다. 도심의 공원이 이렇게나 많은 걸 우리에게 내어줄 수 있다면 정말 깊은 숲속에서는 대체 얼마나 많은 걸 찾아낼 수 있을지 나로서는 그저 상상만 할 따름이다.

존이 없었다면 이 책이 이런 모습으로 세상에 나오지 못했을 것이다. 그는 내게 선생님이나 다름없었고 나는 그의 제자였다. 원고를 쓰고 수정하는 것은 물론 내가 책의 방향을 잡아나가도록 도움을 주었으며, 나는 그의 조언을 충실히 따랐다. 물론 이 책을 어떻게 만들지 최종적으로 결정하는 건 내 몫이었지만 여러분은 책의 곳곳에서 그의 흔적을 발견할 수 있을 것이다.

이제 이 책은 어엿한 작품으로 완성되어 우리 두 사람 손에 자랑스레 들려 있다. 하지만 그렇다고 해서 공원에서 마주치는 꽃을 그리거나 새를 올려다보는 걸 그만둘 생각은 없다. 존은 변함없이 내년의 텃밭 구상과 특정한 자연현상을 관찰하기 위해 계획한 여행 이야기를 들려줄 것이다. 어떤 모습이든 우리를 둘러싼 주변을 살펴보는 일은 평생에 걸쳐 계속될 과제이며, 이 책은 이를 보여주는 작은 증거물일 뿐이다. 모쪼록 이 책이 뒷마당에 대한 독자 여러분의 호기심을 자극하는 데 도움이 되길 바란다. 그 뒷마당이 뒷동산이든 비상계단 위에 놓아둔 화분이든 중요하지 않다.

Julia Rothman
줄리아 로스먼

자연을 '해부'하면
낯선 아름다움이 보인다

누구나 행복하기 원한다. 행복이야말로 우리의 진정한 삶의 이유이자 목적이다. 행복하기 위해서 가장 먼저 필요한 게 바로 자기 자신을 아는 것이다. 말은 쉽지만 "나는 누구인가?"라는 질문에 선뜻 대답할 수 있는 사람은 그리 많지 않다. 삶이란 자기 자신을 찾아가는 과정이다. 자기를 찾기 위해서 우리는 종종 낯선 곳에 가곤 한다. 이른바 '낯설게 보기' 과정을 통해 자신을 객관적으로 그리고 따뜻하게 볼 수 있기 때문이다. 그렇다면 우리에게 가장 낯선 곳은 어디일까? 다른 도시나 나라가 아니다. 우리는 가까운 자연 속에서 자신을 가장 낯설게 볼 수 있다.

행복하려면 자신을 알아야 하고, 자신을 알려면 낯선 곳을 찾아서 자연으로 들어가야 한다고 하자. 하지만 그게 쉬운 일은 아니다. 일단 자연이 너무 먼 곳에 있기도 하거니와, 자연에 대해 알아야 자연 속에 녹아들어갈 수가 있는데 우리는 자연에 대해 너무 모른다.

아는 만큼 보이고 생명도 마찬가지다. 우리가 어떤 생명을 안다고 할 때 그것은 무엇을 의미할까? 우선, 이름을 아는 것이 무엇보다도 중요하다. 이름을 알면 그 생명이 보이기 때문이다. 누구나 호랑나비와 노랑나비 그리고 흰나비를 구분할 수 있다. 단 한번도 새를 보지 못한 사람도 노랑부리저어새와 노란눈썹펭귄 그리고 붉은머리오목눈이를 구분할 수 있다. 이름을 부르기 전에는 그냥 나비와 새였지만 이름을 부르는 순간 그 생명은 나와 특별한 관계를 맺는다. 우리는 생명의 이름을 부르기 위해 도감을 펼쳐본다.

『자연해부도감』은 특이한 책이다. 다루고 있는 자연의 범위가 넓다. 이 책이

말하는 자연은 곤충, 물고기, 짐승과 풀, 꽃, 나무뿐만 아니라 암석과 지형 그리고 대기권과 지구 내부, 별자리에 이른다. 게다가 이 책은 단순한 도감이 아니라 '해부' 도감이다. 생명의 전체 모습을 보여주는 데 그치지 않고 부분으로 쪼개서 보여주고 설명한다. 이러한 과정을 통해 겉모습뿐만 아니라 보이지 않는 내부까지 보여준다.

언뜻 보면 생명의 모습은 각기 다르게 생긴 것 같지만 '해부'를 하면 서로 다른 생명들이 같은 부속으로 이루어진 친척이라는 사실을 깨닫게 된다. 그리고 이 깨달음은 진화의 실마리를 찾는 것으로 이어질 수도 있다. 책을 넘기다 보면 어느덧 찰스 다윈이 그렸던 '생명의 나무'를 그리고 있는 자신을 발견하는 독자들도 있을 것이다.

이 책을 읽다 보면 우리가 알고 있던 익숙한 생명들이 낯설게 보이기 시작한다. 서로 닮은 생명과 서로 상관없어 보이는 생명들이 구분된다. 생명 사이에 가깝고 먼 거리를 가늠하게 되고 마침내 나와 각 생명들 사이의 관계를 깨닫는다. 그렇다. 이것이 바로 이 책의 목표지점이다.

작가는 인간이 하늘에서 뚝 떨어진 존재가 아니라 이 땅 위의 모든 생명과 친척 관계를 맺고 있음을 말하고자 하는 게 아닐까. 우리 인간이 살기 위해서는 다른 생명들과 어떤 관계를 맺고 함께 살아가야 하는지 이 책을 통해 독자들이 깨닫기를 바란다.

하지만 책만으로 모든 것을 얻을 수는 없다. 이 책의 작가가 프로스펙트 파크를 산책하면서 자연을 탐구했듯이 독자들도 자신만의 산책로를 갖기 바란다. 우리 주변에는 반드시 우주를 품고 있는 자연이 있기 마련이다. 자기만의 자연 속에서 낯선 자신을 발견하는 순간 우리는 행복해진다.

이정모 (서대문자연사박물관장)

차례

CHAPTER 5

길들여지지 않는 야생 : 동물의 세계

CHAPTER 6

작은 새가 내게 말해준 것 : 조류의 세계

CHAPTER 7

환상 속을 헤엄치다 : 수중 생명체의 세계

도시 바깥에 온전한 세계가
존재한다는 사실을 일깨워준
여동생 레스에게

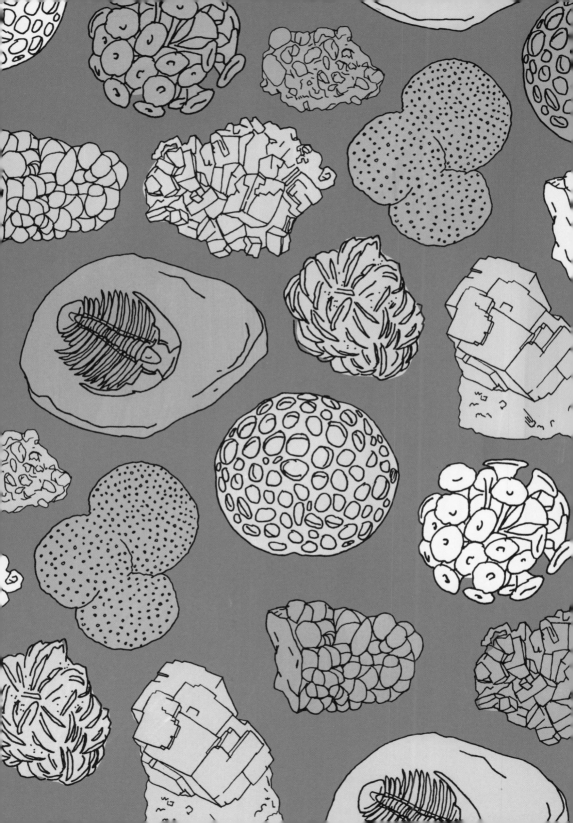

CHAPTER 1

우리가 살아가는 지구

땅의 세계

지구는
정말 움직일까?

춘분

북반구

남반구

지구는 자전축을 중심으로
한 시간에 **1,337킬로미터**씩
회전해 하루에 한 번 자전을
한다. 그러나 지구가 자전할 때
공전면과 정확히 수직을
이루는 건 아니다. 자전축은 늘
23.5도 정도 비스듬히
기울어져 있다.

봄

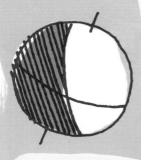

하지(일 년 중에 낮이 가장 긴 날)

여름

지구 어디서든 낮이 긴
여름이 겨울보다 따뜻하다.
여름에는 햇볕이
지구에 정면으로
내리쬐지만 겨울에는
직접 내리쬐는 햇볕의
양이 여름보다 적다.

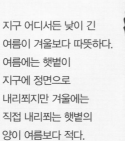

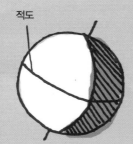
적도

우리가 살아가는 지구는 한 시간에 10만 7800킬로미터의 속도로 우주를 쏜살같이 날아간다. 드넓은 바다와 육지에는 70억 명에 이르는 인간을 포함해 250만 종이 넘는 다양한 생명체가 살아간다.

겨울

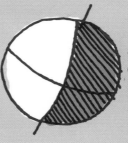
동지
(일 년 중에
밤이 가장 긴 날)

봄, 여름, 가을, 겨울의
사계절은 지구 자전축이
이런 식으로 약간 기울어져
있기 때문에 나타난다.
자전축의 기울기 때문에
지구의 각 반구가 태양을
정면으로 향하는 시기가
서로 다른 것이다.

가을

궤도의 방향

추분

춘분과 추분에는
낮과 밤의 길이가
거의 같다.

지구는 일 년에 한 번씩
태양 둘레를 한 바퀴 돈다.
9억 4100만킬로미터에
이르는 공전궤도는 거의
원형에 가까운 타원형이다.

지구의 지층

지구는 **45억 4000년 전**에 형성되었다. 지구의 구조에 대해 우리가 알고 있는 사실은
대개 지진이 발생했을 때 지구를 통과하는 지진파를 연구해서 얻은 결과다.
지구는 뚜렷한 지층을 이루고 있으며 각 층마다 고유의 특징을 갖고 있다.

지각

지구의 지각은 두께가 **5~70킬로미터**에 이른다.
육지에서는 두껍고 바다에서는 얇다.
지각이 지구 전체 부피에서 차지하는 비중은 **1퍼센트**도 안 된다.

맨틀

철과 마그네슘이 풍부한 규산염암으로 이루어진 맨틀은
온도가 **500~4000도**에 이르며 아주 천천히 이동한다.
맨틀의 가장 위쪽에 놓인 판들이 이동할 때 지구에는 지진이 일어난다.
맨틀은 지구 전체 부피의 **84퍼센트**를 차지한다.

외핵과 내핵

핵은 외핵과 내핵의 두 부분으로 나뉜다.
외핵은 주로 융해된 철로 이루어져 있다.
철과 니켈로 이루어진 내핵은 태양 표면보다 뜨겁지만
압력이 아주 높기 때문에 고체 상태를 이루고 있다.

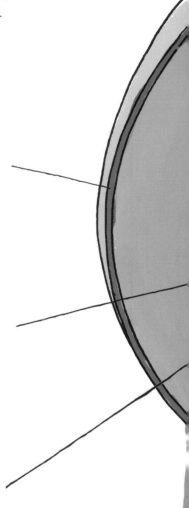

광물질

각종 무기물로 이루어진 광물질은 자연적으로 발생한
고체 형태의 물질이다. 광물질은 해마다 추가로 발견되는데,
지금까지 확인된 것만 해도 4000종이 넘는다.

능망간석

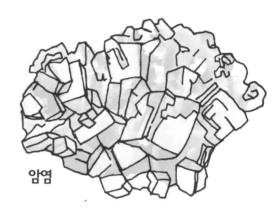

암염

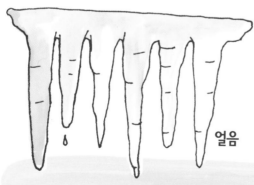

얼음

터키석

액체 상태의 물은 광물질이 아니지만,
자연적으로 만들어진 고체 상태인 얼음은 지구상에서
가장 흔히 볼 수 있는 광물질 가운데 하나다.

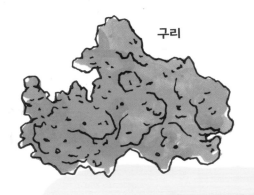

구리

석고
장미석

광물질은 다음과 같은 과정을 통해 결정을 이룬다.

- 용액의 증발
  (소금물을 증발시키면 소금을 얻을 수 있다)

- 냉각
  (천연수의 동결, 마그마의 응고)

- 주위 압력과 온도의 변화
  (단층을 비롯해 지각변동운동이 활발한 지대에서
  종종 발견된다)

에레메이파이트

석영

적철석

남동석-공작석

암석의 순환

다양한 암석들 사이에는 오랜 세월에 걸쳐 활발한 전이가 나타난다.

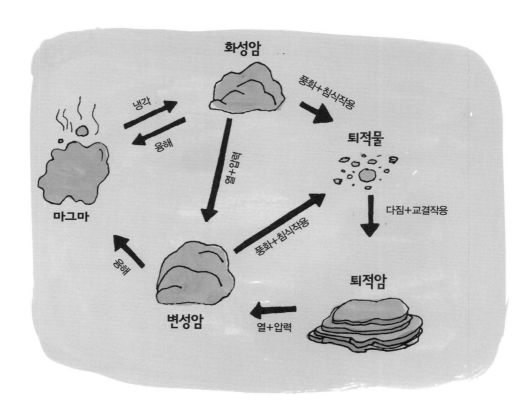

암석은 열, 압력, 마찰, 풍화 같은 자연력에 의해
변하거나 부서진다.

암석은 형성 방식에 따라 다음과 같이 분류된다.

화성암
마그마는 지표면 밑에 있는 암석이 땅의 열기로 녹아 반액체 상태가 된 것으로, 이 마그마가 지표면이나 그 부근에서 냉각되어서 굳으면 화성암이 형성된다.

화강암   **현무암**   **흑요암**

퇴적암
소량의 광물질이 수천 년에 걸쳐 켜켜이 쌓이면 물과 상부 퇴적층의 무게가 광물질에 압력을 가한다. 이 과정을 통해 단단히 굳혀져 퇴적암이 형성된다.

역암   **이암**   **석회암**

변성암
퇴적암이나 화성암이 압력과 열을 심하게 받으면 광물 구조가 변형된다. 이 변형된 광물이 변성암을 형성한다.

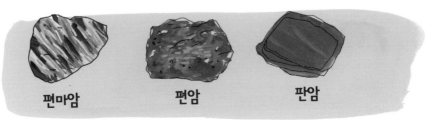

편마암   **편암**   **판암**

25

화석

유기체가 그 상태 그대로 화석으로 보존될 확률은 매우 낮다. 화석이 형성되려면 유기체가 죽자마자 퇴적물로 덮여야 한다. 그 후 무기질 함량이 높은 물이 유기체의 몸에 있는 작은 구멍을 통해 들어간다. 시간이 흐르고 압력이 가해지면 물속의 광물질이 유기체 조직에 침전되고 굳으면서 입체적인 화석을 남긴다.

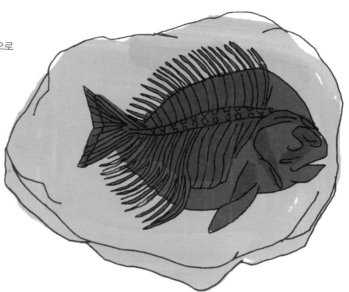

와이오밍 주 남서부의 그린 강 지층에서 발견된 농어 화석

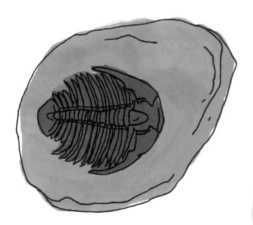

유타 주 밀란드카운티의 마르줌 지층 (Marjum Formation)에서 발견된 삼엽충 화석

생명체의 모든 조직이 화석을 이루는 것은 아니다. 피부나 내장기관처럼 몸체의 부드러운 부분은 화석이 되기도 전에 부패하기 쉽다.

디스코스파이라 투비페라
(*Discosphaera tubifera*)

부유성 유공충의
화석 껍질

미화석
(microfossils)

박물관에 전시된 화석은 1밀리미터가
넘는 대형화석으로 육안으로도 관찰할 수
있다. 이보다 수적으로 훨씬 더 많은 것이
미화석이다. 미화석은 세균, 규조, 진균,
원생생물의 잔해, 무척추동물의 외피나
뼈대, 꽃가루, 척추동물의 뼈와 치아 조각이
남긴 것으로 육안으로 볼 수 없는 작은
화석을 말한다. 대개 모든 종류의
퇴적암에서 발견된다.

이집트의 피라미드는 주요 미화석균에
속하는 유공충 껍질로 이루어진
퇴적암을 쌓아올려 만든 건축물이다.

수백만 배로
확대!

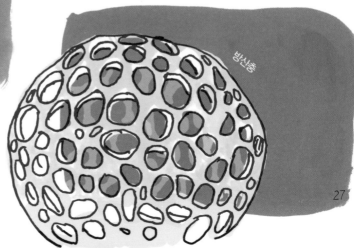

방산충

지형

협곡

측면이 매우 가파르고 오랜 세월에 걸쳐
강물에 침식되어 만들어진 깊은 하곡

**앤털로프캐니언,
애리조나 주**

이곳의 구멍은 나바호 샌드스톤을
침식한 돌발홍수에 의해
만들어졌다. 전 세계
사진가들이 몰려들 정도로
황홀한 풍경이다

나인마일캐니언 , 유타 주

절벽 측면에서는 초기 원주민들의 생활과
문화를 짐작할 수 있게 하는
고대 암각화를 볼 수 있다.

그랜드캐니언, 애리조나 주

길이는 445킬로미터가 넘고
폭은 29킬로미터,
깊이는 1.6킬로미터에 이른다.

대폭포

강물이 수직으로 흐르는 폭포 중에서도
물줄기가 크고 강력한 폭포

오세미티 폭포,
캘리포니아 주

790미터 가량으로
북아메리카에서
최고 높이를 자랑한다.

나이아가라 폭포,
캐나다 온타리오 주와
미국 뉴욕 주의 경계

전 세계 폭포 가운데
유속이 가장 빠르다.
이 에너지는 수력발전에
이용되고 있다.

삼각주

강이 바다와 만나는 강어귀에 침전물, 모래, 작은 암석 따위가 쌓여
형성된 삼각형의 낮은 지형.

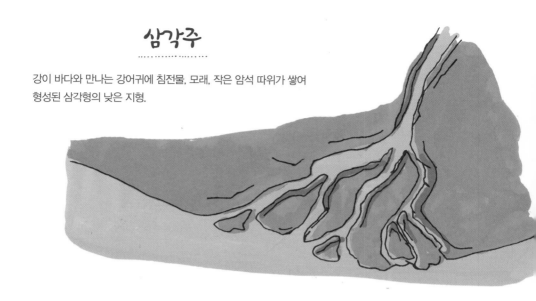

선상지

하천과 강물에 쓸려온 막대한 양의 침전물이 쌓여 형성된
부채꼴의 지형. 산에서 빠져나온 협곡이 평원 위로 펼쳐지는
곳에서 가장 흔히 볼 수 있다.

산

협곡

선상지

1982년 7월 15일, 콜로라도 주 로키산국립공원의
론 레이크 댐이 무너져 내렸다. 그 결과 8억
5000리터의 물이 수천 톤에 이르는 댐 잔해를
쓸어와 선상지를 형성했다. 이는 수십 년이 지난
오늘날에도 여전히 압도적인 풍경으로 남아 있다.

군도 바다에 섬이 무리지어 모여 있거나 띠처럼 이어져 있는 것을 가리킨다.

지협 바다나 강을 사이에 둔 두 개의 육지를
다리처럼 잇는 잘록한 땅

산등성이

나란히 자리 잡은 두 빙하의
침식 통로 사이에 남겨진
날카로운 암벽 능선

안부

두 산봉우리 사이의 능선에 있는
말안장처럼 생긴
가장 낮은 지점이다.
'낮은 고개'라고
불리기도 한다.

고원

주변 지역보다 높은 곳에 위치한 거대한 평지로 넓은 범위의
지역이 융기하면서 형성된다. 플래토(plateau)로도 불린다.

탁상지

위쪽은 평평하고 옆쪽은 대개 가파른 절벽을 이루며
솟아오른 건조하고 좁은 지형. 메사(mesa)로도 불리는데 메사는
'탁자'라는 뜻이다.

뷰트

가파른 측면을 이루며 솟아오른 더 좁은 언덕.
뷰트는 과거에 대부분 탁상지로,
탁상지에 침식이 진행되면 뷰트(butte)가 된다.

33

산

판 구조론은 지구 지각의 큰 판들이 움직이고 부딪히고 구겨지고
미끄러지는 과정을 설명하는 이론이다. 이에 따르면 산은 오랜 세월에 걸쳐 형성되었다.
산에는 다양한 기후대와 고도, 경사도가 있으며, 그에 따라 고유의 식물상과 동물상이 있다.

산에는 기본적으로 습곡산지, 지괴산지, 화산의 세 가지 유형이 있다.

습곡산지

지구의 판이 다른 판과 부딪히거나
위로 올라갈 때 지각이 휘면서
위로 접히게 된다.
애팔래치아 산맥과 로키 산맥이
이런 형태의 움직임과 관련이 있다.

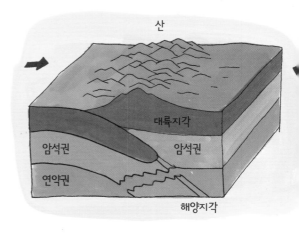

지괴산지

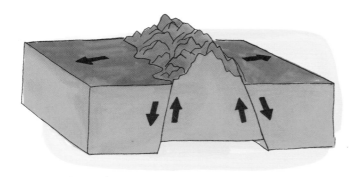

지괴산지는 단층지괴산지라고도
불리는데 캘리포니아 주 시에라네바
다 산맥에서 볼 수 있는 것처럼
가파르고 거대한 암벽이 특징이다.
지괴산지는 거대한 암반에 구조적
압력이 가해져 갈라질 때 형성된다.

이처럼 어긋난 경계를 단층이라 부른다. 암석이 단층의 한쪽 면에서 솟아올라
다른 한쪽 면으로 가라앉으면서 가파른 절벽이 형성된다.

화산

화산은 지구 지각의 두 개 판이 서로 미끄러진다기보다는
함께 혹은 각자 움직이는 곳에서 형성된다. 화산이 내뿜는
마그마는 앞쪽으로 움직이는 지각판 아래의 뜨거운 맨틀에
지각이 짓눌려 녹아내린 물질인 경우가 많다.

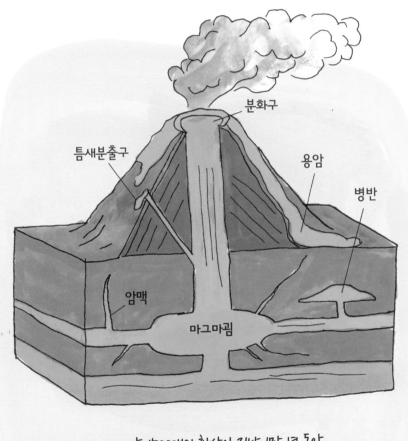

약 1500개의 화산이 지난 1만 년 동안
활동을 해온 것으로 알려져 있다.

북아메리카 풍경

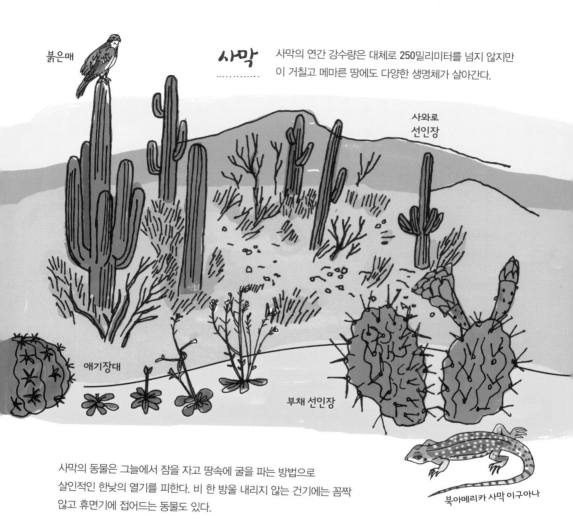

사막 사막의 연간 강수량은 대체로 250밀리미터를 넘지 않지만
이 거칠고 메마른 땅에도 다양한 생명체가 살아간다.

붉은매

사와로
선인장

애기장대

부채 선인장

북아메리카 사막 이구아나

사막의 동물은 그늘에서 잠을 자고 땅속에 굴을 파는 방법으로
살인적인 한낮의 열기를 피한다. 비 한 방울 내리지 않는 건기에는 꼼짝
않고 휴면기에 접어드는 동물도 있다.

사막의 식물은 오랫동안 물을 저장할 수 있을 뿐만 아니라 방어용 가시나
뾰족한 잎을 이용해 목마른 동물의 접근을 막기도 한다.
어쩌다 한 번 비가 내리고 나면 일부 식물종은 불과 몇 주 만에
싹을 틔우고 꽃을 피워 짧은 시간 동안 한 생애를 살아낸다.

평원 들소

초원
....

나무는 없지만 다양한 풀이 자라는 드넓은 초원은 지구의 대부분 지역에서 자연적으로
나타난다. 초원은 다른 어떤 지형보다도 땅바닥이 깊다. 인간의 발길이 닿지 않은 초원의
비옥한 토양은 6미터 깊이까지 내려갈 수 있다.

프레리도그

암석해안

바닷물의 위력은 작은 만, 섬, 곶의
암석해안을 따라 암벽에 아치와 동굴을
깎아 놓는다. 바닷새는 높은
바위산에 안전하게 둥지를 틀고,
바닷바람을 피해 낮게 자라는
침엽수는 바위에 바짝 달라붙는다.
청록색의 바닷말과 이끼는 파도가
뿜어내는 물보라 속에서 살아간다.
하루 중 한때라도 바닷물이 들어오는
지역은 해초와 홍합이 풍부하다.
삿갓조개, 따개비, 다시마는 해수면
바로 밑에서 바다 쪽으로 뻗어나간다.

모래사장

육지가 바다와 만나는 곳에는
파도가 끊임없이 밀려와 바위와
조개껍질을 산산이 부수고 고운 모래로
만든다. 해안선의 형태는 쉴 새 없이
밀려오는 바람과 파도에 의해 바뀐다.
모래사장에서 모래언덕에 이르는
길에는 염분을 잘 견디는 풀, 야생화,
장미가 자란다.

습한 연안 숲

....

큼직한 양치식물과 두터운 이끼층, 육중한 나무가 들어찬 습한 연안 숲은
세월이 아무리 흘러도 영원할 것 같은 인상을 준다.
비와 안개가 끊임없이 습기를 제공하는 데다 온화한 해양성 기후 덕분에
나무는 일 년 내내 성장이 가능하기 때문에 제법 크게 자란다.

나무가 있느냐 없느냐는
늪지와 습지를 구분하는
기준이 된다.

아메리카
앨리게이터

늪지
....

이처럼 숲이 울창한 습지에서는 놀라울 정도로 다양한 종류의 새들이 서식하는 경우가 많다.
물론 초목이 우거진 이런 환경에서는 양서류, 어류, 포유류도 왕성한 서식을 한다.
천천히 흐르는 물 위로는 좀개구리밥과 수련이 둥둥 떠다닌다. 따뜻한 남쪽의 늪지에서는
악어, 거북, 독이 있는 늪살무사가 기어 다니는 모습도 쉽게 눈에 띈다.

대백로

물이끼
습원

대부분의 습지는 오랜 세월에 거쳐
물이 고인 웅덩이에서 숲으로 바뀐다.

북부의 습지 식물인 물이끼는 빙하로 움푹 파인 곳에 독특한 습지를 형성하는 데 큰 역할을 한다.
이끼는 서서히 썩으면서 두터운 토탄층을 형성한다. 물이끼 습원의 차가운 미기후*에서는
골풀, 난초, 백산차, 심지어는 식충식물까지 발견된다.
습지는 이용가능한 산소를 고갈시키고 토탄은 주변을 산성화시킨다. 이 때문에 물이끼 습원에서는
어류와 그 밖의 수중 생물을 찾아보기가 대체로 어렵다.

습지 레밍의 똥은
밝은 초록색을 띤다!

---

* microclimate. 지상 1.5미터 높이에서 관측되는 것을 보통 기후라고 할 때,
미기후란 대지와 직접 접한 대기층의 기후를 말한다.

식생의 천이

과거에 농사를 짓거나 벌목지로 쓰이던 땅이 버려지면
본래의 야생성을 서서히 회복하기 시작한다.
천이는 들판이 숲으로 변모해가는 과정을 일컫는다.

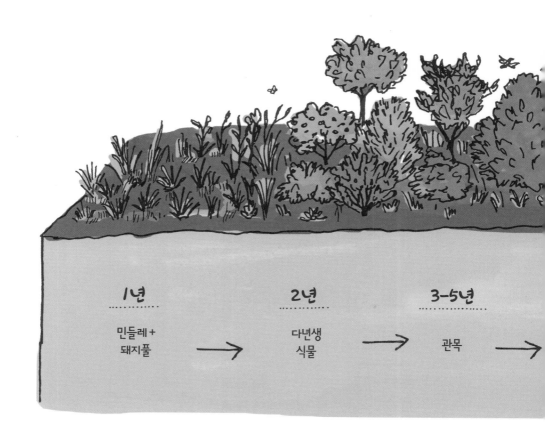

1년		2년		3-5년	
민들레+ 돼지풀	→	다년생 식물	→	관목	→

온대지역에서는 초기에 민들레, 돼지풀, 명아주처럼 강인하고 햇빛에도 잘 견디는
식물이 나타나는데 점차 엉겅퀴, 야생당근, 금관화 같은 식물이 자리를 잡게 된다.

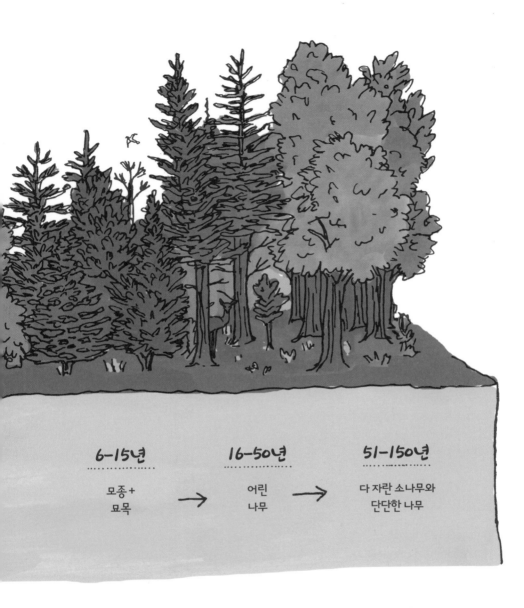

6-15년	16-50년	51-150년
모종+ 묘목 →	어린 나무 →	다 자란 소나무와 단단한 나무

식물이 성장함에 따라 은신처와 먹이를 찾아 온갖 동물과 곤충이 모여든다.
마멋, 솜꼬리토끼, 여우, 사슴뿐만 아니라 나비, 참새, 들종다리, 메추라기도
찾아볼 수 있다. 새와 다람쥐는 흑벚나무, 떡갈나무, 뽕나무, 옻나무 같은
나무의 씨를 물어다 옮긴다.

붓 가는 대로 그리는 풍경화

준비물

· 각자 준비한 채색 도구 : 수채화 그림물감, 구아슈 물감(내가 즐겨 쓰는 물감으로 이 책에도 이 물감을 사용했다), 크레용, 색연필
· 두꺼운 종이나 작은 캔버스
· 중간 크기부터 큰 크기의 그림 붓

그리는 방법

눈길을 끄는 풍경을 찾으면 대상을 가장 잘 관찰할 수 있는 조용하고 편안한 곳에 자리를 잡고 앉는다. 실눈을 뜬 채 흐릿하게 풍경을 바라본다. 그리려는 대상을 자세히 들여다보지 말고 그저 몇 뭉텅이의 색으로 바라보는 것이 좋다.

붓을 크게 놀려 대충 색칠한다. 실물과 정확히 일치하지 않더라도 어떻게 하면 색끼리 서로 보완이 될지 생각해본다. 도화지가 꽉 채워질 때까지 색칠을 계속해나가고 채색되지 않은 부분이 도화지에 남지 않게 한다. 흰색을 원해도 여백으로 남겨두는 것보다는 색칠을 하는 편이 낫다.

팁

붓을 쥘 때 붓의 아래쪽이 아니라 끝 부분을 잡는다. 그럼 손이 헐거워져 붓놀림이 다소 어려워질 것이다. 같은 풍경을 여러 번 반복해 그리되, 색상을 조금씩 변화시켜가면서 그림의 분위기가 어떻게 바뀌는지 확인하는 것도 좋다.

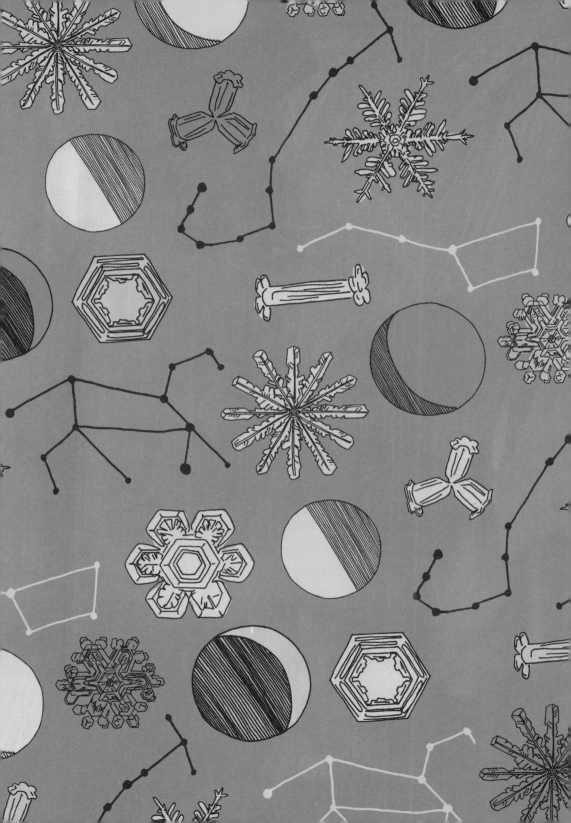

CHAPTER 2

해, 달, 구름, 별

하늘의 세계

대기권

대기권에는 지구를 에워싼
모든 기체 덩어리층이 포함된다.

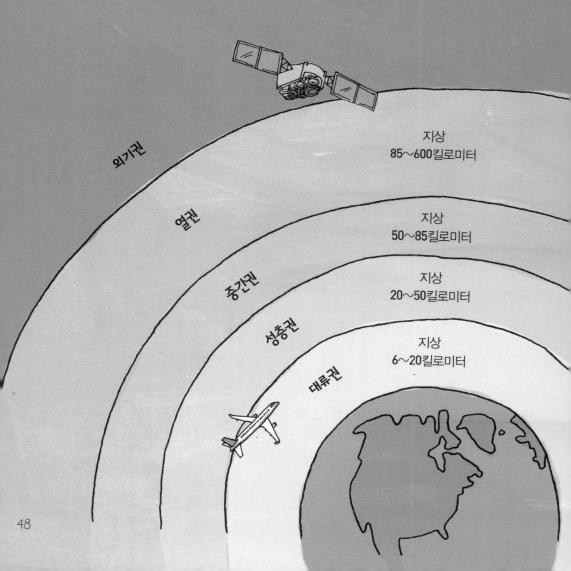

외기권

열권

중간권

성층권

대류권

지상
85~600킬로미터

지상
50~85킬로미터

지상
20~50킬로미터

지상
6~20킬로미터

대류권은 대기권에서 가장 낮은 층으로 모든 기상 변화가
이곳에서 일어난다. 대류권은 지표면에서 시작되어
지상 **6~20**킬로미터에 이른다. 대기의 **90**퍼센트가 대류권에 있다.

성층권은 대기권 가스의 **19**퍼센트를 차지하지만
수증기는 희박하다.

중간권으로 올라가면 산소 분자를 포함한 기체의 밀도가
희박하다.

열권은 고층대기로도 알려져 있다. 햇빛의 자외선과 엑스선은
이 층에 있는 분자에 흡수되어 기온 상승을 유발한다.

외기권에서는 원자와 분자가 우주 공간으로 달아나버리고
인공위성은 지구 궤도를 돈다.

날씨 예보

날씨를 예측할 수 있는
몇 가지 방법을 알아두면
산책 중에 갑작스런 일기 변화로
겪게 되는 곤란한 상황을
피할 수 있다.

구름

어떤 구름은 비가 오거나 폭풍이
몰려올 것을 미리 알려주는
역할을 한다.

아침 이슬

이슬이 많이 내린 날은 바람이
그리 강하게 불지 않을 것이다.
아침 이슬은 대개 화창하고
좋은 날씨를 예고한다.

새들의 비행 모습

폭풍이 몰려오기 전에 새들은
기압으로 귀의 통증을 느낀다.
그렇기 때문에 몸을 낮춰 지면
가까이에서 비행한다.

권운(털구름, 새털구름)

이 구름이 짙어지기 전까지는
대체로 날씨가 좋다는 징후다.

권적운(털쌘구름, 비늘구름)

대체로 날씨가 좋다는 징후다.

권층
(털층구름, 햇무리구름)

이 모양의 구름이 짙어지면
24시간 내에 비가 올 가능성이 있다.

고적운(높새구름, 양떼구름)

오후에 천둥번개가 치기 전에
나타날 수 있다.

고층운(회색차일구름, 높층구름)

폭풍우가 몰려온다는 징후다.

층적운

화창한 날씨에 볼 수 있는 구름이다.

난층운(비층구름)

비나 눈이 곧 내릴 것이라는 징후다.

층운
(층구름, 안개구름)

안개와 이슬비를 만드는
낮은 구름이다.

적란운(쌘비구름, 소나기구름)
대개 날씨가 곧 사나워진다는 징후다.

—5

—4

마일
(1마일=약 1.6킬로미터)

—3

—2

—1

덕운(쌘구름, 뭉게구름)
화창한 날씨를 예보한다.

물의 순환

응결
에너지를 방출해
주변을 따뜻하게 만든다.

비나눈

증발
에너지를 빼앗아
주변을 차갑게 만든다.

지표면에서
흘러나온 물

물은 지구상에서 유일하게
자연적으로 액체, 고체, 기체의 형태를
모두 띠는 물질이다.

자연계에서 물은 늘 순환하면서 형태를 바꾼다. 즉, 개울에서 강을 거쳐 바다로,
호수와 바다에서 대기 중으로, 대기 중에서 다시 땅으로 순환을 거듭한다.
이런 식의 순환은 물을 서서히 정화시켜 깨끗한 물로 육지를 다시 채울 수 있게 해준다.

안개와 박무

안개는 지표면에 가까운 층운층이다. 박무는 대기 중에 떠다니는 작은 물방울이
모여 형성된다. 안개와 박무는 모두 대기와 지면 사이에 온도차가 클 때 나타날
수 있다. 강이나 호수 같은 수역과 인근 지역의 습한 지면에서 안개나 박무를
형성하는 수증기가 발생한다.

안개와 박무의 중요한 차이는 가시거리다.
안개는 가시거리가 1킬로미터도 안 되지만,
박무는 그보다 멀리까지 볼 수 있다.

ᕯ폭풍ᕯ

뇌우

천둥, 번개를 발생시키는 폭풍우를 말하는데, 폭풍은 아주 차가운 공기층이 아주 따뜻한 공기층과 충돌할 때 발생한다. 따뜻한 공기가 위로 올라가면 표면 기압이 떨어져 진공 효과가 생긴다. 내부로 몰려든 차가운 공기가 따뜻한 공기를 위로 밀어 올리면 강풍, 비, 우박을 몰고 오는 난기류가 형성된다.

번개

대기는 수많은 이온(전하를 지닌 원자나 분자)으로 가득 차있다. 뇌운 속의 양이온은 구름 상층부에 몰려 있고 음이온은 하층부에 몰려 있다. 전압차가 충분히 커지면 번갯불이 전하의 균형을 잡아준다. 번개는 구름의 상층부와 하층부를 잇는 다리 역할을 하기도 하고, 구름에서 지면으로 불꽃이 튀게 하기도 한다. 천둥소리는 번개가 만든 음파에서 나온다.

토네이도

뜨겁고 차가운 공기의 충돌은 어마어마한 규모로 회전하며 슈퍼셀(supercell)이라고 불리는 뇌우를 형성할 수 있다. 토네이도는 슈퍼셀을 형성한 적란운과 지면 사이에 길게 뻗은 채 세차게 회전하는 공기 기둥이다.

토네이도는 풍속과 파괴력에 따라 **EF0**에서 **EF5**까지로 분류된다.

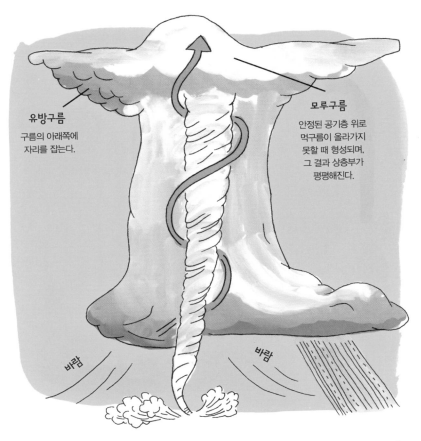

유방구름
구름의 아래쪽에 자리를 잡는다.

모루구름
안정된 공기층 위로 먹구름이 올라가지 못할 때 형성되며, 그 결과 상층부가 평평해진다.

바람

바람

텍사스 주, 캔자스 주 등 미국 중부의 토네이도가 가장 빈번하게 발생하는 곳을 '토네이도 길목(Tornado Alley)'이라고 부른다.

SNOWFLAKES
눈송이 모양은 왜 제각각일까?
* *

눈송이 모양은 기온과 습도에 따라 달라진다. 구름 속의 낮은 기온에서 수증기는 기체 상태에서 바로 고체상태로 변하는 과정인 침적을 거쳐 곧장 얼음 결정이 된다. 이처럼 작은 얼음이 점점 커지다 그 무게를 견디지 못하게 되면 눈송이가 되어 구름에서 떨어지는 것이 눈이다.

얼음 결정이 커질 때 분자는 완벽하게 규칙적인 모양으로 뭉치지 않는다. 땅으로 떨어지는 눈송이는 다양한 미기후를 거치며 제각기 다른 경로로 여행을 하게 된다. 그 결과 결정이 저마다 다른 모양으로 나타나는 것이다.

장구 모양

총알훈장
모양

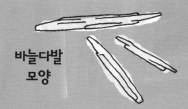

바늘다발
모양

강관기둥
모양

다양한 눈송이 모양

서리결정
모양

삼각형
모양

화살촉 모양

단순한 각기둥
모양

별접시
모양

별수상돌기
모양

12면체
모양

양치식물처럼 생긴
별접시 모양

57

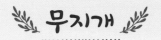

무지개

다채로운 색깔의 호를 그리는 무지개는 우리에게 친숙하면서도 가장 신비로운 자연현상 가운데
하나다. 무지개는 빛이 대기 중의 물방울을 통과하면서 굴절되고 반사되어 형성된다.
햇빛은 대개 흰색이나 노란색으로 보이지만, 실제로는 그보다 다양한 색깔이 어우러져 있다.

무지개는 언제나 해가 떠 있는 쪽의 반대쪽에 나타나지만,
정확한 위치는 보는 사람의 위치에 따라 결정된다.

흑백사진에 찍힌 무지개는
줄무늬 대신 빛의 밝기만
규칙적으로 바뀐다.

형형색색의 무지개는
단지 빛의 파장에 따라
색을 다르게 인식하는 인간의
색채 감각이 빚어낸 결과다.

일몰

햇빛을 이루는 파장과 색은 매우 다양하다. 햇빛이 대기 중에 있는 분자(물과 공기 분자, 먼지, 꽃가루, 오염물질)와 충돌하면 일부의 파장은 다른 파장에 비해 더 쉽게 방향을 바꾸고 굴절된다.

해 질 녘 지면에 부딪히는 햇빛의 간접적인 각 때문에 빛은 대기 중의 입자를 더 많이 통과해야 한다. 그 결과 상당한 양의 빛이 어지럽게 흩어진다. 푸른색과 녹색 파장은 대부분 여과되는 데 비해, 그보다 긴 주황색과 붉은색 파장은 여과되지 않은 채 남게 된다.

아침 공기보다는 저녁 공기가 더 따뜻하고
더 많은 입자들이 높이 떠있기 때문에
해 질 녘이 동 틀 녘보다 아름다운 빛으로 물들 때가 많다.

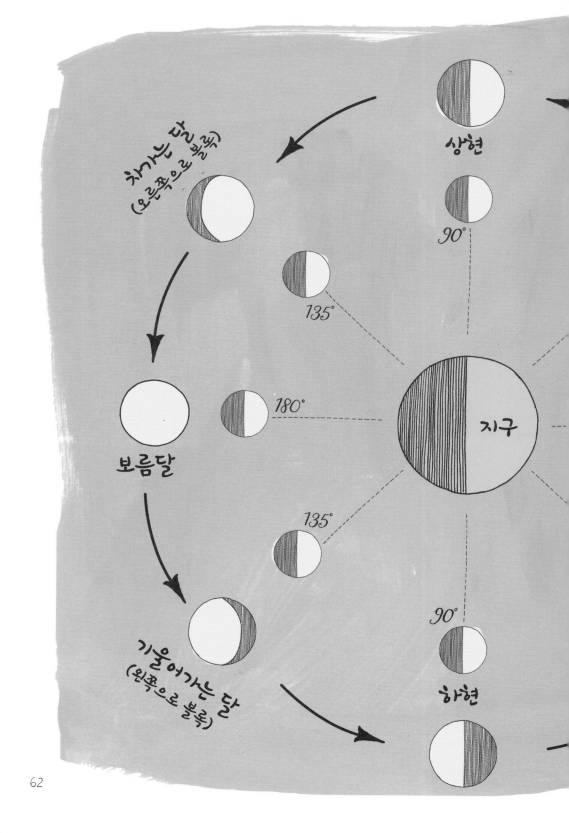

상현

90°

135°

180°

보름달

차가는 달(점점 커짐)
(오른쪽으로 볼록)

기울어가는 달
(왼쪽으로 볼록)

135°

90°

하현

지구

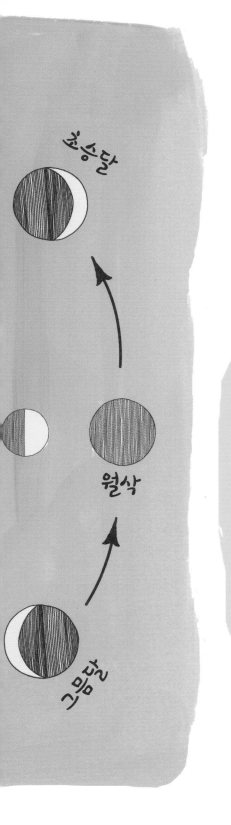

초승달

달의
변화 단계

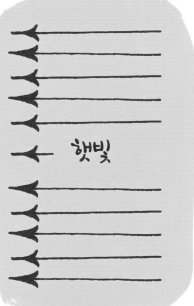

월식

햇빛

그믐달

별자리

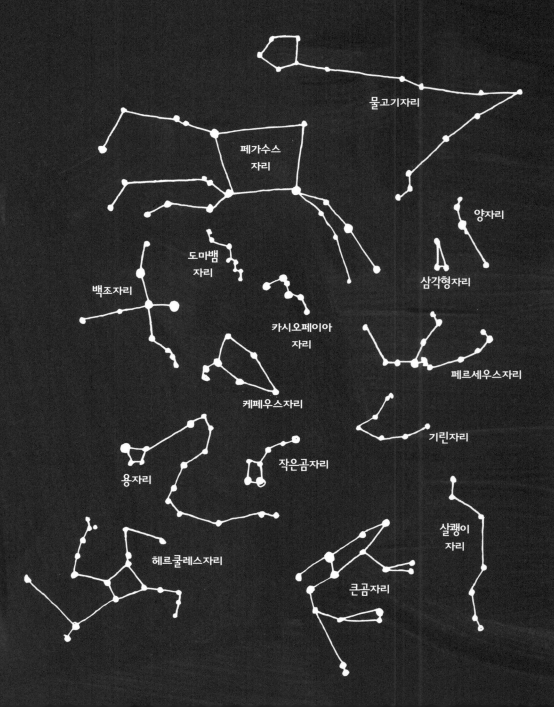

물고기자리

페가수스
자리

양자리

도마뱀
자리

삼각형자리

백조자리

카시오페이아
자리

페르세우스자리

케페우스자리

기린자리

용자리

작은곰자리

살쾡이
자리

헤르쿨레스자리

큰곰자리

수천 년 동안 인류는 별들이 만드는 모양을
탐색하고 거기에 담긴 의미를 찾으려는
노력을 계속해왔다. 별자리(성군)는 밤하늘
눈에 띌 만큼 두드러진 별무리가 만들어낸
형상이다. 하나의 별자리에 속한 별들은
가까운 것처럼 보여도 실제로는
몇 광년만큼 떨어져 있는 경우도 있다.

별자리의 형상과 거기에 담긴 의미는
문화와 시대에 따라 다르지만,
현재 국제천문연맹에서는 북쪽하늘과
남쪽하늘의 88개 별자리를 공식적으로
인정하고 있다. 오늘날 불리는 별자리 이름은
라틴어에서 비롯되었거나 로마제국 시대부터
전해 내려온 것이다. 하지만 몇몇 별자리에
담긴 특별한 의미와 형상은 그보다 훨씬
유래가 깊다.

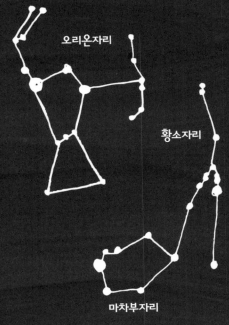

오리온자리

황소자리

마차부자리

쌍둥이자리

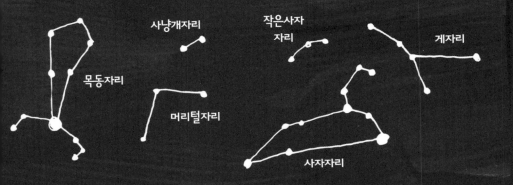

사냥개자리

작은사자
자리

게자리

목동자리

머리털자리

사자자리

CHAPTER 3

자연에 가까이 다가가기

꽃과 곤충의 세계

꽃해부학

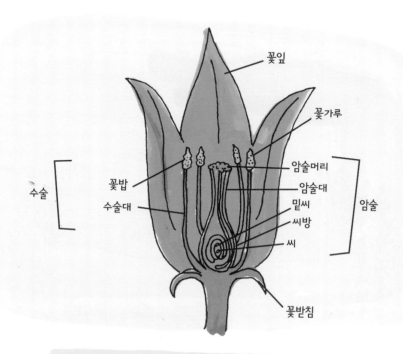

꽃잎

꽃가루

암술머리

암술대

수술 꽃밥

수술대

밑씨

씨방

씨

암술

꽃받침

꽃밥 – 꽃가루가 들어 있는 수컷생식세포

수술대 – 꽃밥을 떠받는 기관

꽃받침 – 꽃 아래쪽의 변형된 잎

수술 – 꽃의 웅성생식기관을 통틀어 이르는 말

암술 – 꽃의 자성생식기관을 통틀어 이르는 말

씨방 – 자성생식기관

밑씨 – 생식세포. 꽃가루를 받아 수정하면 씨앗이 된다.

암술머리 – 꽃가루를 받는 씨방 꼭대기 부분

암술대 – 암술머리와 씨방을 잇는 부분

들꽃

꽃개미자리
(*Phlox subulata*)

애기백합
(*Camassia quamash*)

베이비블루아이즈
(*Nemophila menziesii*)

치커리
(*Cichorium intybus*)

용담
(*Gentianopsis crinita*)

콜럼비아사위질빵
(*Clematis columbiana*)

필라델피아 망초
(*Erigeron philadelphicus*)

야생당근
(*Daucus carota*)

매화노루발
(*Chimaphila maculata*)

스펙터클포드
(*Dimorphocarpa wislizeni*)

남서부독말풀
(*Datura wrightii*)

혈근초
(*Sanguinaria canadensis*)

왕꽃잔디
(*Phlox longifolia*)

70

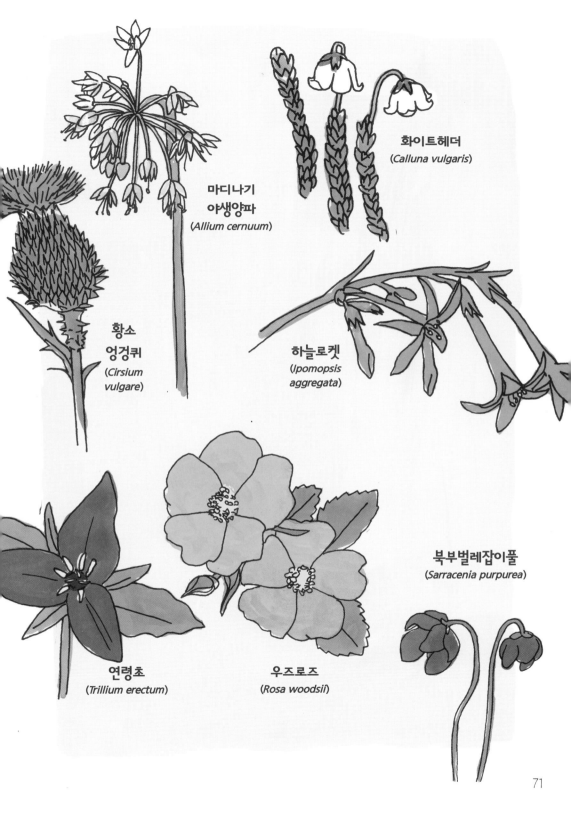

화이트헤더
(*Calluna vulgaris*)

마디나기
야생양파
(*Allium cernuum*)

황소
엉겅퀴
(*Cirsium
vulgare*)

하늘로켓
(*Ipomopsis
aggregata*)

북부벌레잡이풀
(*Sarracenia purpurea*)

연령초
(*Trillium erectum*)

우즈로즈
(*Rosa woodsii*)

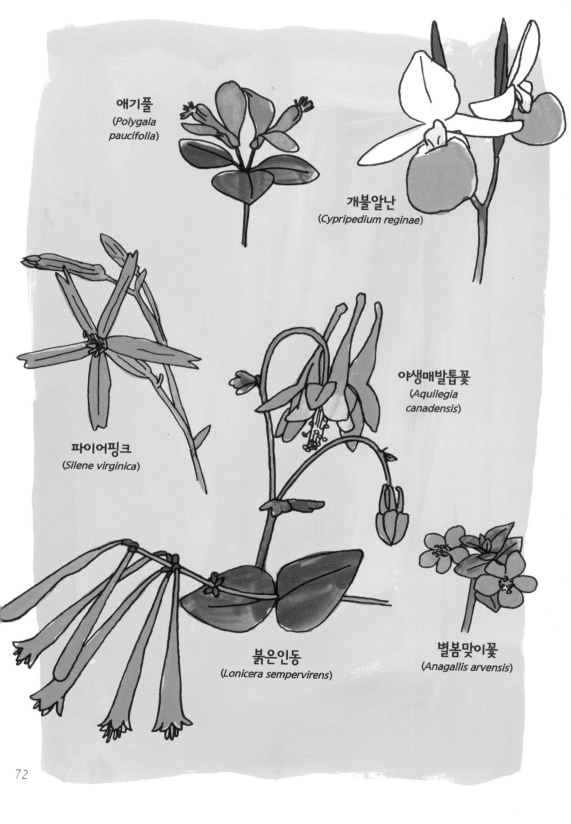

애기풀
(*Polygala
paucifolia*)

개불알난
(*Cypripedium reginae*)

파이어핑크
(*Silene virginica*)

야생매발톱꽃
(*Aquilegia
canadensis*)

붉은인동
(*Lonicera sempervirens*)

별봄맞이꽃
(*Anagallis arvensis*)

나비풀
(*Asclepias tuberosa*)

참나리
(*Lilium lancifolium*)

노랑데이지
(*Rudbeckia hirta*)

멕시코모자꽃
(*Ratibida columnifera*)

미나리아재비
(*Ranunculus acris*)

73

주변에서 흔히 찾아볼 수 있는 밀원*

민들레   노란전동싸리   흰토끼풀   미역취

꿀벌

가위벌

북미에는 약 **4000**종의 자생종 벌
이 서식하지만, 이 지역에서 흔히
볼 수 있는 꿀벌은 이주민들과 함
께 유럽에서 건너온 것이다.

어리호박벌

호박벌

땀벌

석공벌

---

* 벌이 꿀을 빨아오는 식물

벌 해부학

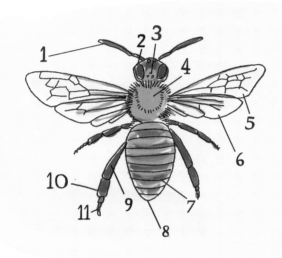

1. **더듬이** – 냄새를 맡는 수천 개의 작은 감지기가 들어 있다.

2. **겹눈** – 대개 먼 거리를 보는 데 이용된다.

3. **홑눈** – 어두운 벌집 내부에서 이용되는 세 개의 홑눈

4. **가슴** – 머리와 배 사이의 부분으로 날개가 달려 있다.

5. **앞날개** ⎤
6. **뒷날개** ⎦ — 비행 중에는 한데 결합하지만 움직이지 않을 때는 떨어진다.

7. **배** – 모든 장기, 왁스샘, 침이 들어 있다.

8. **침** – 일벌과 여왕벌에만 있다.

9. **넓적다리마디** ⎤
10. **종아리마디** ⎥ — 여섯 개의 체절로 나뉘는 세 쌍의 다리.
11. **발목마디발톱** ⎦ 각각의 다리는 걷거나 꽃가루를 뭉치는 데 이용된다.

북아메리카에 서식하는 나비과

 호랑나비과(PAPILIONIDAE)

중형에서 대형까지. 뒷날개에 꼬리처럼 생긴 부속지*가 달려 있다. 날개가 화려하다.

 네발나비과(NYMPHALIDAE)

가장 큰 나비과. 짧은 두 다리를 이용해 먹이의 맛을 본다.

 흰나비과+남방노랑나비과(PIERIDAE)

대개 희거나 노란 날개에 검은색 혹은 주황색 줄무늬가 나타난다.

 부전나비과(LYCAENIDAE)

소형. 암고운부전나비 포함. 섬세하고 고운 날개에 푸른색과 적갈색을 띤다.

 메탈마크나비과(RIODINIDAE)

소형에서 중형까지. 대개 열대지역에 서식하며 금속성의 날개 반점이 있다.

 팔랑나비과(HESPERIIDAE)**

넓은 가슴과 작은 날개. 갈고리 모양의 더듬이. 회갈색 날개에 흰색과 주황색 반점.

참된 나비

---

*   각 체절에 하나씩 붙은 다리
** 팔랑나비과는 나비와 나방의 중간형

나비 해부학

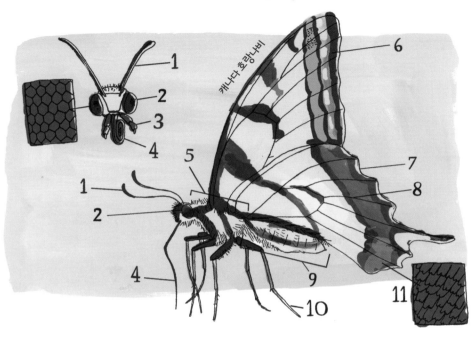

캐나다 호랑나비

1. **더듬이** – 레이더와 페로몬* 감지용으로 쓰인다.
2. **겹눈** – 1700개에 이르는 낱눈(빛 수용체와 렌즈 역할)으로 이루어져 있다.
3. **촉수** – 먼지로부터 눈을 보호한다. 냄새 감지기에 덮여 있다.
4. **주둥이** – 먹이를 먹거나 마실 때 사용하는 긴 빨대 모양의 입
5. **가슴** – 비상근을 포함한 세 개의 체절
6. **앞날개** ┐
7. **뒷날개** ┘ 날아오르거나 내려앉을 때 쓰는 서로 포개진 두 쌍의 날개
8. **날개맥** – 나비마다 다양하기 때문에 나비 분류에 이용된다.
9. **배** – 소화기, 호흡기, 심장, 생식기가 들어 있다.
10. **다리** – 네발나비과를 제외한 대부분의 나비는 세 쌍의 다리를 갖고 있다.
11. **비늘** – 날개는 잿빛을 띤 작은 비늘로 덮여 있다.

---

* 동물이 몸 밖으로 방출하여 같은 종의 다른 개체에 특정한 반응을 일으키는 물질

나비의 한살이

나비의 생애는 네 단계로 나뉜다.
1. 알 2. 애벌레 3. 번데기 4. 성충(나비)

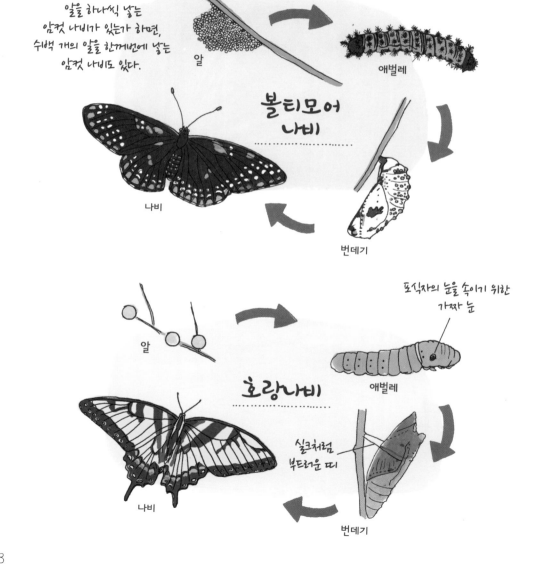

알을 하나씩 낳는 암컷 나비가 있는가 하면, 수백 개의 알을 한꺼번에 낳는 암컷 나비도 있다.

알

애벌레

볼티모어 나비

나비

번데기

알

호랑나비

포식자의 눈을 속이기 위한 가짜 눈

애벌레

실크처럼 부드러운 띠

나비

번데기

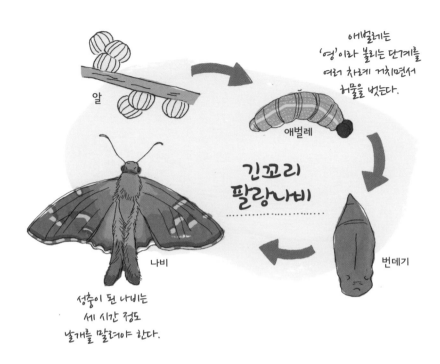

애벌레는
'영'이라 불리는 단계를
여러 차례 거치면서
허물을 벗는다.

알

애벌레

긴꼬리
팔랑나비

번데기

나비

성충이 된 나비는
세 시간 정도
날개를 말려야 한다.

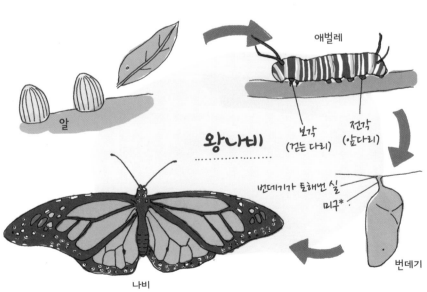

애벌레

알

왕나비

보각
(걷는 다리)

전각
(앞다리)

번데기가 토해낸 실

띠구*

번데기

나비

---

* 번데기 외피 뒤끝의 갈고리로 잔가지 따위에 매달리는 데 이용된다.

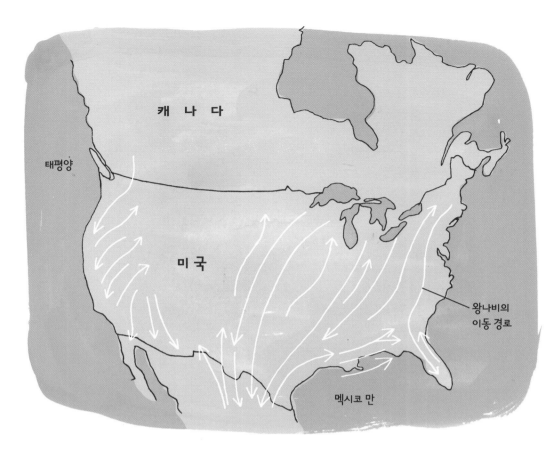

태평양

캐나다

미국

멕시코 만

왕나비의
이동 경로

왕나비의 이주

왕나비도 새와 마찬가지로 겨울이면 남쪽으로 떠났다가 여름이면 북쪽으로 돌아온다.
나비는 수명이 짧기 때문에 한 번 이동하는 동안 완전한 세대교체가 이루어진다.

왕나비는 새를 비롯한
다른 동물들에게
독을 내뿜을 수 있다.
이는 왕나비애벌레의 먹이인
금관화에 심장의 활동을 높이는
독성 물질인 강심배당체가
들어 있기 때문이다.

왕나비의 밝은 날개색은
포식자를 위협한다.

나비를 유혹하는 식물

아니스히솝(배초향)

큰멋쟁이나비, 왕나비, 작은멋쟁이나비,
남방공작나비, 밀버트귀갑나비,
쥐방울덩굴호랑나비, 남방노랑나비
등이 모여든다.

부들레야

왕나비, 남방공작나비, 검은호랑나비, 큰코나비,
큰반짝이표범나비, 퍼크레센트나비, 큰멋쟁이나비,
작은멋쟁이나비, 체크무늬팔랑나비, 네발나비과에
속한 나비가 모여든다.

뉴저지티(낙상홍)

청색부전나비, 물빛부전나비,
에드워드부전나비, 아카디안부전나비 등이
모여든다.

삼잎국화

큰반짝이표범나비, 퍼크레센트나비,
총독나비, 왕나비, 청나비 등이 모여든다.

자라송이풀

은점팔랑나비, 스파이스부시호랑나비,
호랑나비 등이 모여든다.

아름다운 나비의 세계

진홍줄무늬 흑나비

(Biblis hyperia)

분포 : 멕시코, 파나마, 사우스텍사스 주
크기 : 50~55밀리미터

황갈색 황제나비

(Asterocampa clyton)

분포 : 캐나다 온타리오 주 남부, 미국 네브래스카
　　　주, 위스콘신 주, 매사추세츠 주, 텍사스 주
　　　남부에서 동부, 조지아 주 남부
크기 : 40~70밀리미터

더오나 체커스팟

(Chlosyne theona)

분포 : 텍사스 주 중동부, 뉴멕시코 주 남부,
　　　애리조나 주 중부
크기 : 30~45밀리미터

이스턴테일드블루

(*Everes comyntas*)

분포 : 캐나다 남부에서 중미, 로키산맥 동부 전역
크기 : 20~25밀리미터

캘리포니아
도그페이스

(*Zerene eurydice*)

분포 : 캘리포니아 연안 산맥, 시에라네바다
　　　주 서부 아래쪽, 애리조나 주 서부
크기 : 40~65밀리미터

스파이스부시
호랑나비

(*Pterourus troilus*)

분포 : 미국 동북부
크기 : 90~110밀리미터

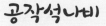

얼룩말긴꼬리나비

(Heliconius charitonius)

분포 : 텍사스 주 남부와 플로리다 주의 중남미
지역, 종종 뉴멕시코 주, 네브래스카 주,
사우스캐롤라이나 주에서도 발견된다.
크기 : 75~85밀리미터

공작석나비

(Siproeta stelenes)

분포 : 멕시코, 플로리다 주 남부, 텍사
스 주 남부 등의 중미 지역
크기 : 85~100밀리미터

흰체크무늬
팔랑나비

(Pyrgus albescens)

분포 : 캘리포니아 주 남부, 애리조나 주 남부,
뉴멕시코 주 남부, 텍사스 주 남서부,
플로리다 주, 멕시코 주
크기 : 25~40밀리미터

남방공작나비

(*Junonia coenia*)

분포 : 매니토바 주 남부, 온타리오 주, 퀘
백 주, 노바스코샤 주 등의 캐나다
지역과 북서부를 제외한 미국 전역

크기 : 45~70밀리미터

붉은칼
날개나비

(*Marpesia petreus*)

분포 : 브라질과 멕시코, 플로리다 주 남부의
중남미 지역. 드물게 애리조나 주, 콜
로라도 주, 네브래스카 주, 캔자스 주,
텍사스 주 남부에서도 발견된다.

크기 : 65~75밀리미터

사라오렌지팁

(*Anthocharis sara*)

분포 : 알래스카 연안 남부에서 태평양 분수계
서쪽인 바하 캘리포니아까지 발견된다.

크기 : 25~40밀리미터

다채로운 색깔의 나방들

벌새유리나방

(*Hemaris thysbe*)

크기 : 40~50밀리미터

**로지메이플
나방**

(*Dryocampa
rubicunda*)

크기 : 30~50밀리미터

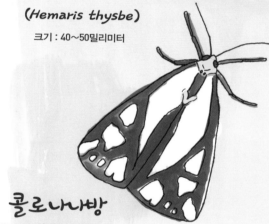

콜로나나방

(*Haploa colona*)　　크기 : 40~60밀리미터

이오나방 (*Automeris io*)

크기 : 50~75밀리미터

나비	VS	나방
낮에 활동		밤에 활동(야행성)
짝짓기 상대를 찾을 때 시각을 이용		짝짓기 상대를 찾을 때 후각을 이용
듣지 못함		귀가 있음
체온을 높이기 위해 햇빛을 이용		체온을 높이기 위해 비행
대롱대롱 매달린 번데기를 만듦		고치를 만듦

* 위와 같은 구분방법이 있긴 하나, 예외가 많고 명확하게 나비와 나방을 구분하는 것은 불가능하다.(감수자 주)

흰줄무늬
스핑크스나방

(Hyles lineata)
크기 : 65~90밀리미터

긴꼬리산
누에나방

(Actias luna)

크기 : 80~110밀리미터

제왕나방

(Citheronia regalis)

크기 : 120~150밀리미터

사초과에 속하는 식물은 끝이 뾰족하다.

골풀과에 속하는 식물은 끝이 둥글다.

잔디과에 속하는 식물은 땅속에서부터
속이 빈 채로 올라온다.

방울새풀

창골풀

러셋세지

사이드오츠
그라마

프레리쓰리온

애기골풀

큰골풀

기름골

왕포아풀

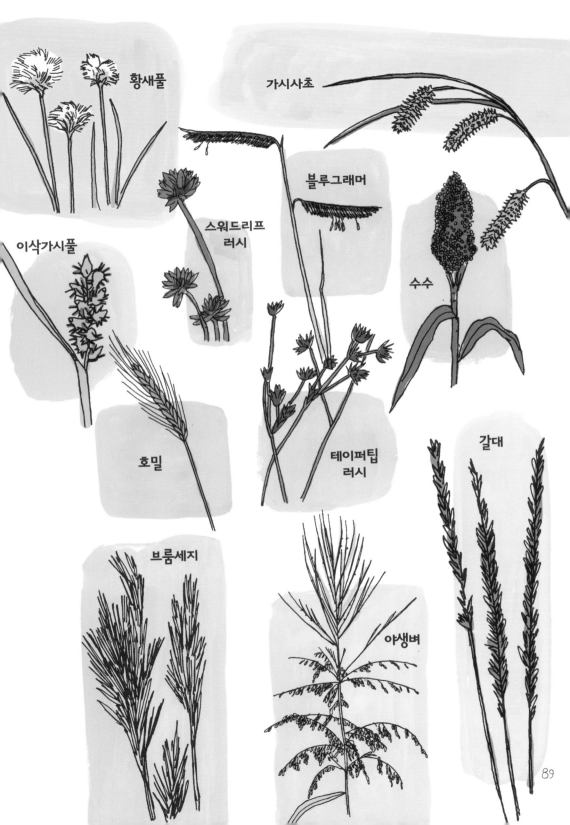

황새풀

가시사초

블루그래머

스워드리프
러시

수수

이삭가시풀

호밀

테이퍼팁
러시

갈대

브룸세지

야생벼

먹을 수 있는 풀

치커리 새싹

이른 봄에 나오는
어린 새싹은
풋풋한 맛이 난다.
치커리 뿌리를 볶아
커피 대용으로
마실 수 있다.

광부상추

영양과 수분이 많은 잎은
샐러드로 만들어도 맛있다.

제비꽃

어린잎이 더 맛있다.
앙증맞게 생긴 꽃은
설탕을 뿌리거나
그냥 먹어도 좋다.

명아주

영양분이 아주 풍부하다.
우리 주변에서 흔히 볼 수 있는
이 풀은 시금치처럼 활용할 수 있다.

민들레 새싹

한가운데의 작은 잎을 주로 먹는다.
날것으로 먹거나 살짝 쪄서 먹기도 한다.

붉은토끼풀

단백질이 풍부한 잎은 익힌 채소처럼
식감이 좋다. 꽃은 향기로운 차를 만드
는 데 이용한다.

뮤레인

꽃과 잎으로 만든 차는
기침과 폐 질환에 효과가 좋다.

질경이

어린잎을 데쳐 먹는다. 씨앗은 가루로
만들어 영양식으로 활용하거나
빵을 만드는 데 넣을 수도 있다.

서양톱풀

꽃은 향기로운 차를 만들고
잎은 맥주를 만드는 데 홉 열매
대신 이용할 수 있다.

애기괭이밥

꽃과 열매, 잎은
새콤달콤한 맛이 난다.

먹을 수 있는 야생초에 대한 다섯 가지 팁

1. 봄이 한창인 3월에서 4월 사이가 맛좋고 영양도 풍부한 야생초
   를 구할 수 있는 적기다.

2. 한곳에서 너무 많이 뜯거나 캐지 않는다. 그래야 내년에도 그곳
   에서 야생초를 얻을 수 있다.

3. 과거에 공업지역이나 상업지역으로 이용된 적이 있는 오염된
   땅은 피해야 한다.

4. 야생초 채취와 관련한 규정을 확인하고 땅 소유주에게 허락을
   받는다.

끝으로 가장 중요한 한 가지

5. 독이 있는 일부 종은 먹을 수 있는 야생초와 생김새가 비슷하다.
   그러니 100퍼센트 확신할 수 없다면 절대 먹지 말 것.

고르곤졸라 치즈를 채운 야생초 새싹 요리

재료 : 야생초 새싹(활짝 벌어지진 않았지만 충분히 자란 새싹을 고른다. 길이는 6.5~9센 티미터 정도가 적당), 올리브유, 고르곤졸라 치즈나 블루치즈(구하기 쉬운 치즈를 이용), 갓 빻은 후추

요리법

1. 오븐이나 토스터기를 섭씨 200도로 예열한다. 올리브유를 살짝 입혀둔 유산지에 야생초 새싹을 가지런히 올려둔다.

2. 새싹을 살살 벌려 치즈를 채우고, 밑에는 꽃잎을 깔아 받침을 만든다.

3. 속을 채운 꽃에 올리브유를 한 번 더 바르고 그 위로 갓 빻은 후추를 듬뿍 뿌린다.

4. 치즈의 색깔이 변하고 거품이 끓어오를 때까지 굽는다.

5. 뜨거울 때 식탁에 차려놓고 자연에서 얻은 멋스런 요리를 친구들과 함께 맘껏 즐긴다.

놀라운
곤충의 세계

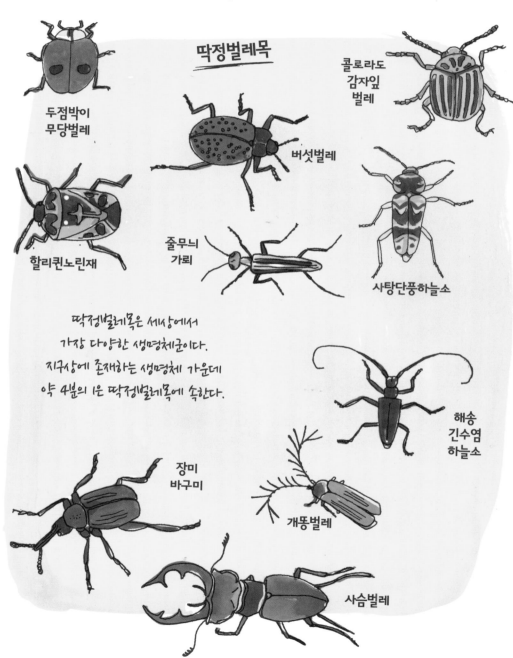

딱정벌레목

두점박이
무당벌레

콜로라도
감자잎
벌레

버섯벌레

할리퀸노린재

줄무늬
가뢰

사탕단풍하늘소

딱정벌레목은 세상에서
가장 다양한 생명체군이다.
지구상에 존재하는 생명체 가운데
약 4분의 1은 딱정벌레목에 속한다.

해송
긴수염
하늘소

장미
바구미

개똥벌레

사슴벌레

기생파리

유충이 다른 곤충의 몸속에서 성장하다가
결국 숙주를 죽이는 포식기생충이다.

**알루타시아버드
방아깨비**

녀석은 자기 몸 길이의 20배까지
뛰어오를 수 있다. 이는 키가 180센티미터인
사람이 36미터를 뛰어오르는 것과 같다.

**진홍/초록색
매미충**

녀석들의 몸은 미세한 털로 덮여 있다.
이는 방수 역할을 하는 동시에 페로몬이 들어 있는
액체를 몸 밖으로 분비한다.

사마귀

암컷사마귀는 교미 중에
수컷의 머리를
물어뜯기도 한다.

참베짱이

베짱이는 '쓰으− 잭 쓰으− 잭'하는 녀석들의 울음소리가
베를 짜는 소리 같다고 하여 붙여진 이름이다.
가을이 되면 식물이나 흙 속에
알을 낳지만 봄이 될 때까지는 부화하지 않는다.

어떤 매미 종은 나무뿌리를 먹으며 땅속에서 살다가
13∼17년 주기로 떼 지어 세상에 나온다.
수컷들이 짝짓기 상대를 찾을 때 무리 지어 내는
큰 울음소리는 120데시벨(일부 지역의 소음 규정을
넘어서는 수준)을 넘기도 한다.
이는 천적인 새들의 접근을 막으려는 전략으로 보인다.

17년 매미

자이언트사막전갈

북아메리카에서 가장 큰 이 전갈은 몸 길이가 15센티
미터에 이른다. 먹이는 도마뱀과 뱀이다.

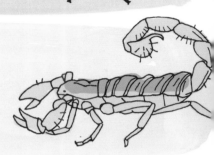

유령각다귀

녀석들은 빛이 있는 곳에서
날아갈 때 마치 흰 점만을
남긴 채 사라지는
것처럼 보인다.

**가시 모양의
뿔매미**

녀석들은 줄기에 앉을 때
가시로 위장한다.

눈벼룩

톡토기의 일종인 눈벼룩은 특이하게 배 밑에 주름이
접힌 도약 기관이 있어서 10센티미터 넘게
공중으로 날아오를 수 있다.

잠자리

과부제비갈매기
잠자리

흰꼬리
잠자리

저공비행황색날개
잠자리

더블데이 블루엣

잠자리와 실잠자리는 종종 비행 중에
짝짓기를 한다. 이때 두 마리의
잠자리가 몸체를 결합해 원을 만들기
때문에 바퀴 대형이라 불린다.

놀라운
거미의 세계

거미는 인간보다 적어도 500배가 넘는 시간 동안 지구에서 살아왔다.
녀석들은 전갈, 진드기와 더불어 거미강에 속한다. 곤충과 달리 거미는
두 마디(머리가슴과 배)로 되어 있고 더듬이가 없다.

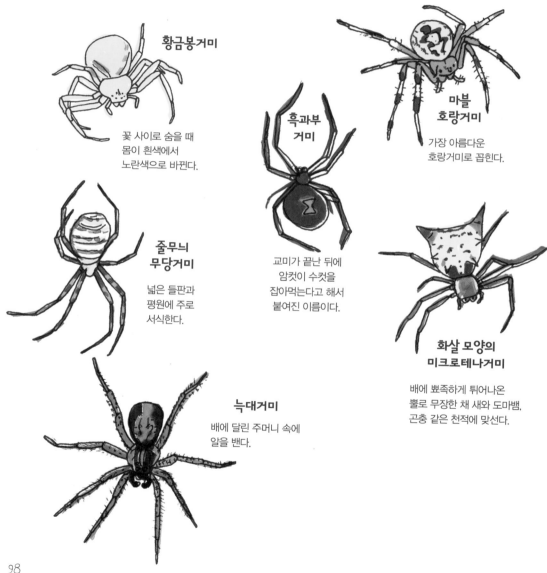

황금봉거미

꽃 사이로 숨을 때
몸이 흰색에서
노란색으로 바뀐다.

마블
호랑거미

가장 아름다운
호랑거미로 꼽힌다.

흑과부
거미

교미가 끝난 뒤에
암컷이 수컷을
잡아먹는다고 해서
붙여진 이름이다.

줄무늬
무당거미

넓은 들판과
평원에 주로
서식한다.

화살 모양의
미크로테나거미

배에 뾰족하게 튀어나온
뿔로 무장한 채 새와 도마뱀,
곤충 같은 천적에 맞선다.

늑대거미

배에 달린 주머니 속에
알을 밴다.

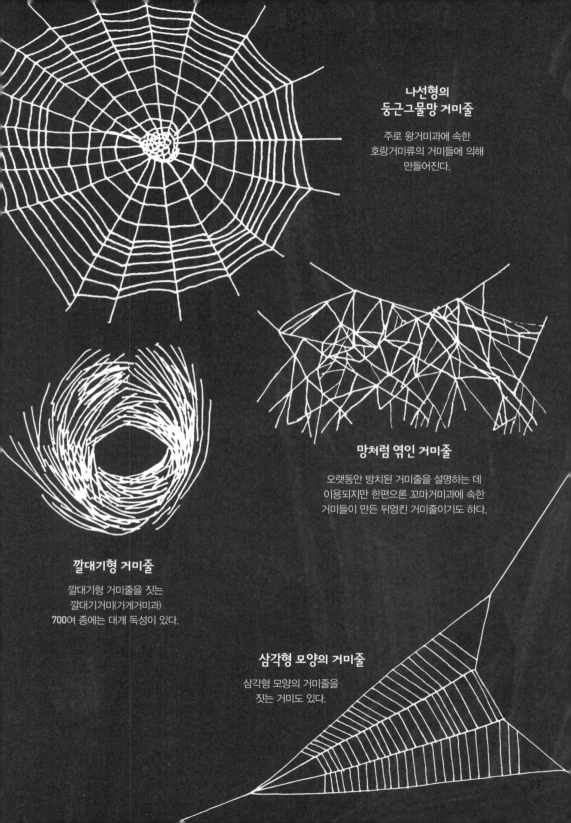

나선형의 둥근그물망 거미줄

주로 왕거미과에 속한
호랑거미류의 거미들에 의해
만들어진다.

망처럼 엮인 거미줄

오랫동안 방치된 거미줄을 설명하는 데
이용되지만 한편으론 꼬마거미과에 속한
거미들이 만든 뒤엉킨 거미줄이기도 하다.

깔대기형 거미줄

깔대기형 거미줄을 짓는
깔대기거미(가게거미과)
700여 종에는 대개 독성이 있다.

삼각형 모양의 거미줄

삼각형 모양의 거미줄을
짓는 거미도 있다.

개미 해부학

1. **머리** – 입, 큰 턱, 눈, 더듬이가 있다.
2. **더듬이** – 냄새를 맡고 동료를 알아보고 적을 감지한다.
3. **가슴** – 세 쌍의 다리가 연결된 몸체의 가운데 부분
4. **배** – 주요 기관과 생식기관이 들어 있다.
5. **배자루마디** – 가슴과 배를 연결한다.
6. **윗입술** – 입의 평평한 부분
7. **큰 턱** – 땅을 파고 실어 나르고 먹이를 채집하고 집을 짓는 데 이용된다.
8. **자루** – 더듬이의 밑부분
9. **끈** – 냄새를 맡는 데 이용되는 더듬이의 윗부분
10. **아랫입술 수염** – 아랫입술의 역할을 한다.

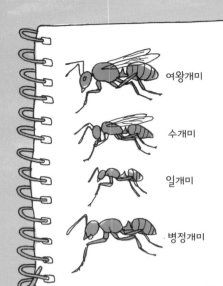

여왕개미

수개미

일개미

병정개미

개미는 육지 어디서든 성공적으로 번식을
해왔다. 1억 2000만 년 전쯤 말벌과 비슷하게
생긴 생명체에서 진화한 개미의 사회 구조는
벌 무리와 비슷한 점이 많다.

진딧물에서 단물을
채취하는 개미

얼핏 보면, 개미가 죽은 동료를 다루는
방식은 사람과 흡사하다. 개미의 사체는
이틀 동안은 그대로 방치되는데,
이는 올레산이라 불리는 화학물질이
사체에서 배출될 때까지는 죽은 사실을
알아차리지 못하기 때문이다. 개미들이
냄새를 감지하고 나면 이상한 냄새를
풍기며 썩어가는 개미의 사체는
폐기장으로 옮겨진다.
곤충학자인 에드워드 윌슨은 살아있는
개미에 올레산을 뿌리면 다른 개미들이
그 개미가 죽었다고 생각해 다른 곳으로
옮긴다는 사실을 밝혀냈다.

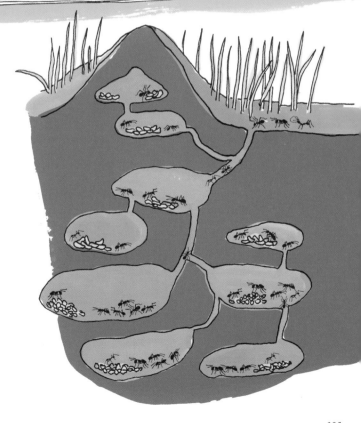

CHAPTER 4

숲속 산책

숲에 사는 식물의 세계

나무의 형태

피라미드형 원뿔형 원주형

판자형 꽃병형 버드나무형

원형 개방형 불규칙형

낙엽수 해부학

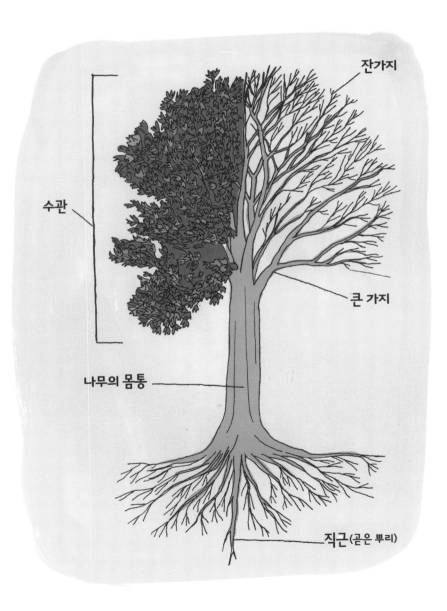

잔가지

수관

큰 가지

나무의 몸통

직근(곧은 뿌리)

나무의 몸통 해부학

변재

뿌리에서는 양분과 물을 실어 나른다.

심재

비활성세포로 이루어져 있으며, 나무 중심부에서 구조적으로 버팀대 역할을 한다.

형성층(부름켜)

활발하게 성장하는 층으로 이곳에서는 세포 증식이 빠르게 이루어지면서 목재나 껍질이 형성된다.

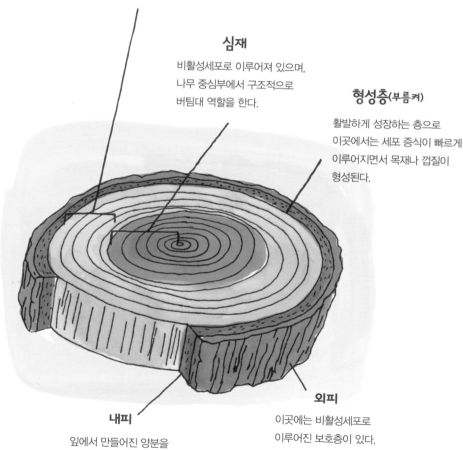

내피

잎에서 만들어진 양분을 형성층과 저장세포로 보낸다.

외피

이곳에는 비활성세포로 이루어진 보호층이 있다.

나무의 나이 측정

(나무줄기의 횡단면에 나타난 나이테 수를 헤아려 나무의 나이를 측정한다)

나무의 성장은 형성층의 횡단면에서 보이는 나이테에 나타난다. 나이테 한 줄은 대개 일 년의 시간을 의미한다. 여름과 겨울의 계절이 뚜렷한 온대지역에서 자라는 나무는 선명한 나이테가 있다. 길고 습한 성장기에는 나이테의 폭이 넓은 것에 비해, 건조한 시기의 폭은 좁아진다.

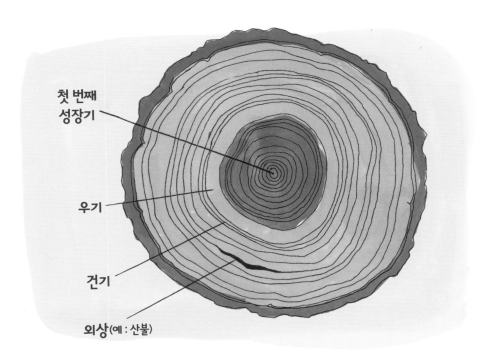

첫 번째
성장기

우기

건기

외상(예 : 산불)

현존하는 나무 가운데 가장 오래된 것으로 알려진 나무는
캘리포니아 주 화이트마운틴에 있는 그레이트베이슨의 브리슬콘 소나무로,
무려 5,063개의 나이테를 자랑한다.

🌿 잎의 식별 🌿

잎의 형태

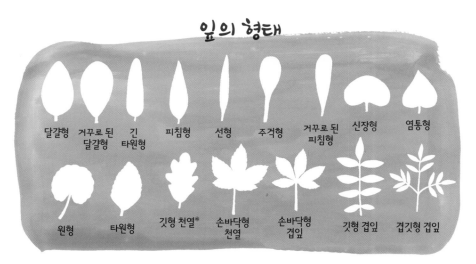

달걀형	거꾸로 된 달걀형	긴 타원형	피침형	선형	주걱형	거꾸로 된 피침형	신장형	염통형
원형	타원형	깃형 천열*	손바닥형 천열	손바닥형 겹잎	깃형 겹잎	겹깃형 겹잎		

엽연(잎의 가장자리)

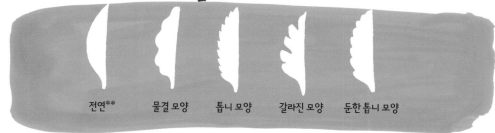

전연**	물결 모양	톱니 모양	갈라진 모양	둔한 톱니 모양

엽맥(잎맥의 무늬)

활맥	손바닥맥	나란히맥	깃	그물맥

---

* 잎의 가장자리가 갈라졌으나 아주 얕게 갈라진 모양
** 톱니 모양 없이 매끈한 모양

인도콩
염통형

층층나무
활맥

참느릅나무
달걀형
둔한 톱니 모양

풍나무
손바닥형 천열
톱니 모양

감벨참나무
깃형 천열

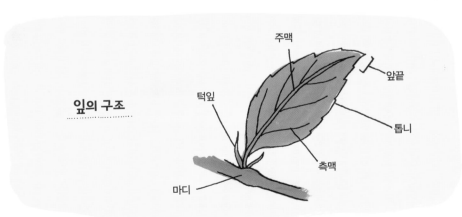

잎의 구조

주맥

앞끝

톱니

턱잎

측맥

마디

북아메리카의 나무

자이언트 세쿼이어

(Sequoiadendron giganteum)

세쿼이어는 나무들 가운데 가장 넓은 줄기를 자랑한다.
다 자란 나무에 달린 1만 1000개의 구과는 해마다 40만 개의 씨앗을 만들어낼 수 있다.

최고의 아름드리 나무

코스트 레드우드

(Sequoia sempervirens)

115미터에 이르는 최고 높이의 나무가 이 수종에 속한다.

최고의 키다리 나무

브리슬콘 소나무

(Pinus aristata)

그 어떤 생명체보다 오래 사는 이 소나무는 5000년까지도 살 수 있다!

최고령 나무

아메리카
느릅나무
(Ulmus americana)

이 느릅나무는 네덜란드 느릅나무병 때문에
그 수가 점점 줄어들고 있다.

풍나무
*(Liquidambar
styraciflua)*

풍나무는 봄이면 가장 늦게 잎이 돋아났다가
가을이 되면 가장 늦게 잎이 떨어지는
나무들 가운데 하나다.

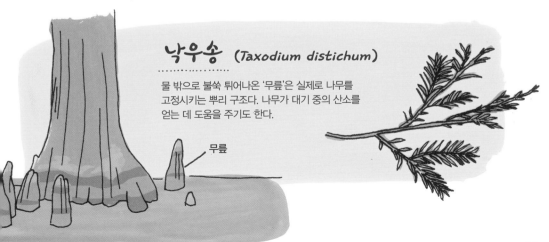

낙우송 *(Taxodium distichum)*

물 밖으로 불쑥 튀어나온 '무릎'은 실제로 나무를
고정시키는 뿌리 구조다. 나무가 대기 중의 산소를
얻는 데 도움을 주기도 한다.

무릎

남부
리브참나무

(Quercus virginiana)

이 나무는 위로 자라기보다는 옆으로 일정하게
넓어지는 참나무 가운데 하나다.

북부 붉은참나무

(Quercus rubra)

이 나무는 최적의 환경에서 500년까지
살 수 있다.

수양버들

(Salix babylonica)

수액은 북미 원주민의 약재
원료로 쓰이는데 아스피린
제조에 사용되는 살리실산이
들어 있다.

백자작나무

(Betula papyrifera)

이 나무의 수액을 졸이면
달콤한 시럽을 얻을 수 있다.

마드론

(*Arbutus menziesii*)

서부 연안에 서식하는 이 상록수의
껍질은 얇게 저미면 돌돌 말린다.

사탕단풍

(*Acer saccharum*)

단풍나무속에 속하는 124종의
수종 가운데 13종은 수액에서
당을 얻을 수 있다. 그중 사탕단
풍과 검은단풍은 가장 진한 수
액을 만들어낸다.

옻나무

(*Rhus typhina*)

열매는 귤처럼 기분 좋은 신맛을 내는데,
즙을 우려내 설탕을 추가하면 늦여름
맛있는 음료가 된다.

113

블랙체리

(*Prunus serotina*)

갓 달린 열매에서는 아몬드를
부술 때 나는 냄새가 난다.

태산목

(*Magnolia grandiflora*)

직경 30센티미터에 이르는 향기로운
흰 꽃이 핀다.

은행나무

(*Ginkgo biloba*)

은행나무는 은행나뭇과에서 하나
뿐인 종이라는 점에서 그야말로
유일무이하다.

폰데로사
소나무

(*Pinus ponderosa*)

이 소나무는 산불에도 살아남도록 진화
해왔다. 줄기의 깊숙이 파인 홈에서 얻
은 나무껍질에서는 바닐라 향이 난다고
한다.

흑호두
나무

·····················

(Juglans nigra)

흑호두나무 핵과*는 황색과 갈색
염료를 만드는 데 이용된다.

아메리카
낙엽송

·····················

(Larix laricina)

이 나무는 솔잎이 달려 있어
상록수처럼 보이지만
가을이면 누렇게 변한
잎이 떨어진다.

클리프로즈

·····················

(Cowania mexicana)

씨에는 작은 낙하산 역할을 하는 긴 털이 달려 있어
씨앗이 널리 퍼지도록 돕는다. 씨앗이 땅에 떨어지면
바람에 날린 구부러진 털은 조파기로 변신해 씨앗이
흙속으로 파고들 수 있게 한다.

태평양 주목

·····················

(Taxus brevifolia)

화학요법에 쓰이는 약재인 택솔은
이들 수종에서 추출된다.

---

* 중심부에 보통 한 개 또는 여러 개의 견고한 핵을 갖는 과실

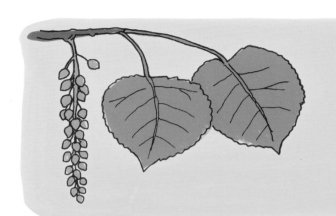

이스턴
사시나무

(*Populus deltoides*)

북아메리카에 서식하는
가장 큰 활엽수 가운데 하나로
대개 70~100년 정도까지 산다.

북부 개오동나무

(*Catalpa speciosa*)

미국 중서부가 원산지인
중간 크기의 이 나무는
관상용으로 식재하는
경우가 많다.

레드
맹그로브

(*Rhizophora mangle*)

다른 종이 살아남기 힘든 해안가나
염분이 많은 습지에서 잘 자란다.
씨앗은 나무 밑으로 떨어지기도 전에
다 자란 식물이 된다.

아까시나무

(*Robinia pseudoacacia*)

이 나무의 작은 겹잎들은 밤이면
오므라드는데 15~30센티미터의
긴 잎을 이룬다.

미국 호랑가시나무

(*Ilex opaca*)

유대교나 카톨릭의 신성한 날인 축일
장식으로 이용되는 멋진 열매는 암나무
에만 달린다.

파이어베리
산사나무

(*Crataegus chrysocarpa*)

관목이 무성하게 자라 작은 새들의 보금자리가
되어준다. 나무열매는 말릴 수도 있고 파이나
잼을 만드는 데 활용할 수도 있다.

팩손유카

(*Yucca faxoniana*)

사막에서 자라는 이 나무에는
10센티미터가 넘는 뾰족한 잎과
크림색 꽃송이들이 머리 모양을
이룬 5센티미터의 두상화가
달려 있다.

아름다운 나무껍질

샤그바크 히코리
(Carya ovata)

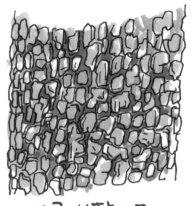

미국 산딸나무
(Cornus florida)

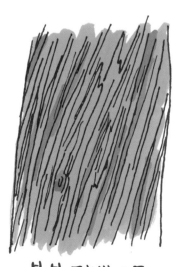

북부 편백나무
(Thuja occidentalis)

시카모
(Platanus occidentalis)

두릅나무

(*Zanthoxylum clava-*
herculis)

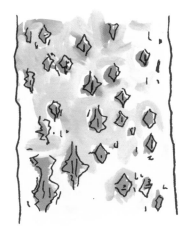

은백양

(*Populus alba*)

북미산 느릅나무

(*Ulmus alata*)

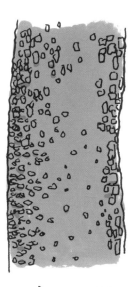

하크베리

(*Celtis occidentalis*)

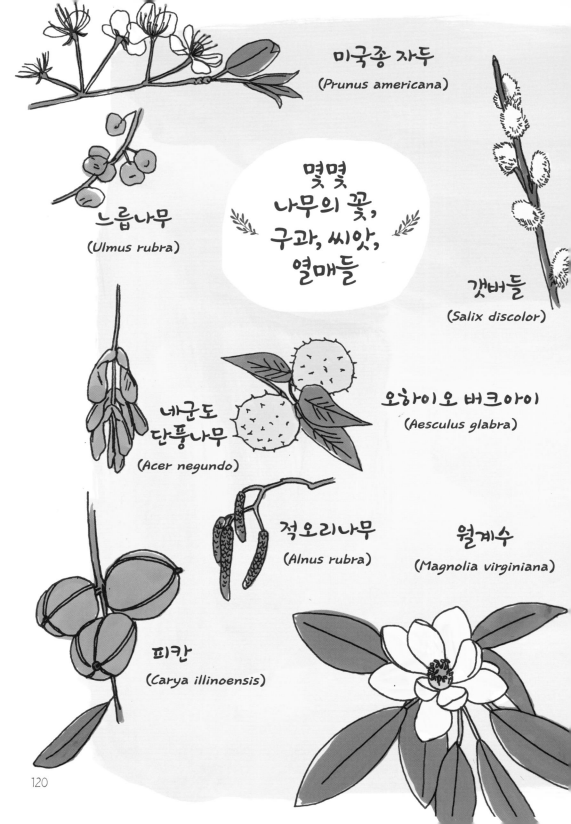

미국종 자두
(*Prunus americana*)

느릅나무
(*Ulmus rubra*)

멫멫
나무의 꽃,
구과, 씨앗,
열매들

갯버들
(*Salix discolor*)

네군도
단풍나무
(*Acer negundo*)

오하이오 버크아이
(*Aesculus glabra*)

적오리나무
(*Alnus rubra*)

월계수
(*Magnolia virginiana*)

피칸
(*Carya illinoensis*)

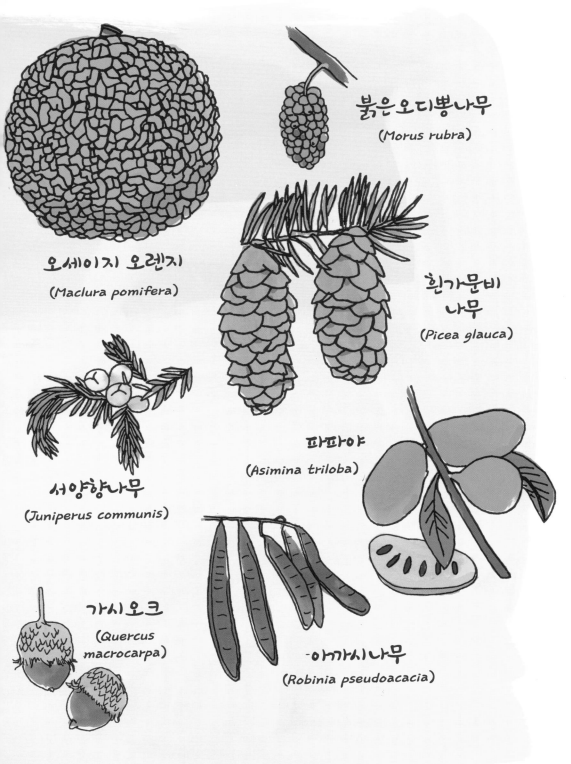

오세이지 오렌지
(Maclura pomifera)

붉은오디뽕나무
(Morus rubra)

흰가문비
나무
(Picea glauca)

서양향나무
(Juniperus communis)

파파야
(Asimina triloba)

가시오크
(Quercus
macrocarpa)

아까시나무
(Robinia pseudoacacia)

나뭇잎무늬 찍기

준비물

- 롤러
- 잉크
- 팔레트
- 나뭇잎무늬를 찍을 종이나 천
- 이면지

나뭇잎무늬를 찍는 방법

재미있게 생긴 나뭇잎, 잔가지, 식물, 꽃 등을 채집한다. 멸종위기에 처한 식물종은 피하고 한 종류의 식물을 너무 많이 채집하지 않도록 주의한다.

팔레트에 잉크를 부은 다음, 롤러를 앞뒤로 굴려 잉크가 골고루 묻게 한다. 롤러에서 끈적거리는 소리가 나야 한다.

이면지 위에 나뭇잎을 올려놓고 롤러를 그 위에서 바로 굴린다. 나뭇잎 표면 전체에 최대한 골고루 바른다.

무늬를 정확히 찍어내려면 잉크가 묻은 나뭇잎을 종이나 천 위에 올려두고 표면 전체를 꽉 눌러주어야 한다. 그런 다음 나뭇잎을 서서히 떼어내면 찍힌 무늬가 드러난다.

팁

압력에 따른 인쇄 결과를 시험해본다. 곤죽이 될 정도로 진한 인쇄보다는 보일 듯 말듯 희미한 인쇄가 더 나을 수도 있다. 잉크가 묻은 나뭇잎 위에 종이를 올려놓고 롤러를 굴려 보고 앞의 경우와 어떻게 다른지 살펴보자.

그 밖에도 다양한 실험을 해볼 수 있다. 한 가지 색으로 여러 가지 자연물을 인쇄하거나 여러 가지 색으로 한 가지 자연물을 인쇄해보는 것이다. 또 반복적인 무늬를 만들어볼 수도 있다.

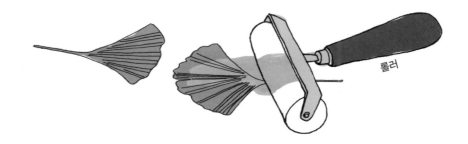

롤러

양치류 해부학

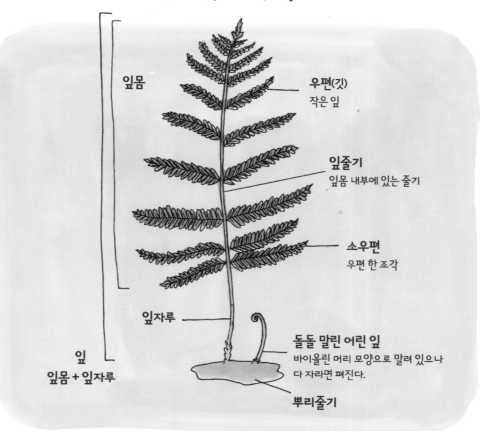

잎몸

우편(깃)
작은 잎

잎줄기
잎몸 내부에 있는 줄기

소우편
우편 한 조각

잎자루

돌돌 말린 어린 잎
바이올린 머리 모양으로 말려 있으나
다 자라면 펴진다.

잎
잎몸 + 잎자루

뿌리줄기

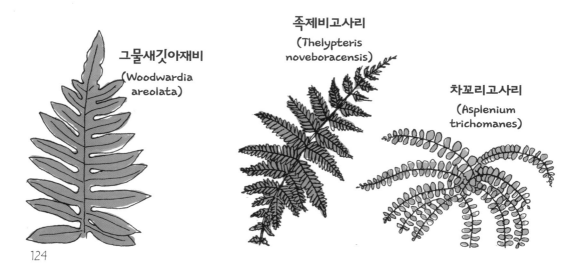

그물새깃아재비
(Woodwardia
areolata)

족제비고사리
(Thelypteris
noveboracensis)

차꼬리고사리
(Asplenium
trichomanes)

앙증맞은 지의류

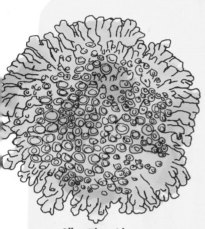

엘리건트 선버스트
(Xanthoria elegans)

지의류는 하나의 유기체로 공생하는 균류와 조류의 환상적인 조합이다. 이끼처럼 밝은 초록색을 띠지 않으며 잎 구조를 갖지 않는다.

지의류는 사막이나 북극 툰드라, 파도가 밀려드는 해안가처럼 극한적인 자연 환경 속에서도 잘 자라지만 번잡한 도시 환경에서는 자라지 않기 때문에 오염 정도를 나타내는 훌륭한 지표가 된다.

지구 지표면의 6퍼센트는 지의류로 덮여 있다고 추정된다.

카먼 오렌지
(Xanthoria parietina)

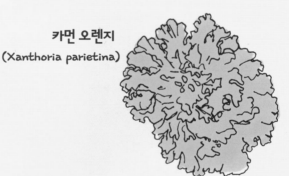

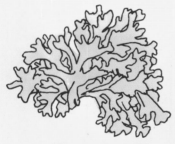

텀블위드 쉴드
(Xanthoparmelia chlorochroa)

화이트웜
(Thamnolia vermicularis)

케이퍼라트
(Flavoparmelia caperata)

신비로운 이끼의 세계

이끼는 꽃이나 씨앗 없이 잎으로만 이루어져 있으며 포자를 만들어내는 작은 식물이다. 심지어 수분과 양분을 빨아들이는 제대로 된 뿌리마저 없다. 이끼는 그늘지고 습한 곳에 무리지어 자란다. 따라서 나무의 북쪽 면에서 이끼를 발견하기가 쉽다.

이끼 냄새를 맡고 모여든 진드기와 톡토기 같은 작은 곤충은 포자를 퍼뜨리는 데 일조한다.

1차 세계대전 중에는 수톤의 물이끼가 상처를 봉합하는 외과용 붕대로 이용되었다. 물이끼는 건조중량의 20배까지 수분을 흡수할 수 있다.

별이끼
(*Atrichum angustatum*)

나무이끼

(*Climacium americanum*)

숟가락잎이끼

(*Bryoandersonia illecebra*)

**바늘꽂이
이끼**

(*Leucobryum
glaucum*)

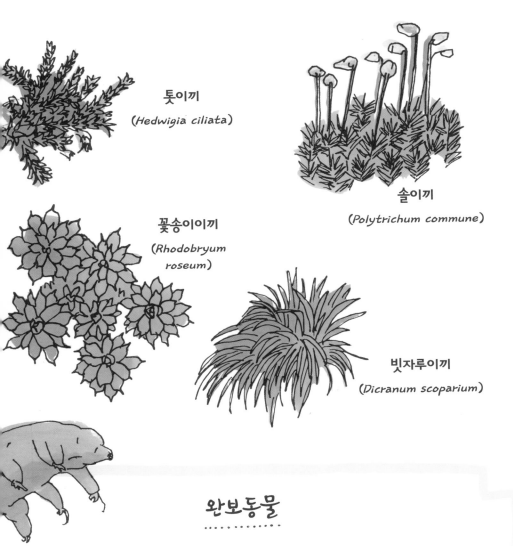

톳이끼
(*Hedwigia ciliata*)

솔이끼
(*Polytrichum commune*)

꽃송이이끼
(*Rhodobryum roseum*)

빗자루이끼
(*Dicranum scoparium*)

완보동물

'물곰'이라고도 불리는 완보동물은 8개의 다리를 지닌 초소형 동물로 이끼와 지의류에서 살아가며 이를 먹이로 삼는다. 아마도 녀석들은 지구상에서 가장 적응력이 뛰어난 동물일 것이다. 영하 150도에서 영상 150도에 이르는 넓은 범위의 온도에서 살아갈 수 있을 뿐만 아니라 체내 수분을 3퍼센트까지 줄일수도 있기 때문이다. 또 녀석들은 6000기압도 거뜬히 견뎌내고 다른 동물을 죽음으로 내모는 수준의 방사능 피폭에도 살아남을 수 있다. 게다가 귀엽기까지 하다!

균사체

균류는 땅속에 그물처럼 넓게 퍼져 있는 균사체로 불리는 흰색의 실을 통해 양분을 흡수한다. 균사체는 흙속에 들어 있어 간혹 뿌리라는 오해를 받기도 하지만 실은 균류의 진짜 몸체라 할 수 있다. 버섯은 포자를 퍼뜨릴 조건이 맞아떨어질 경우에만 나타나는 열매다.

균사체는 식물의 몸체 분해에서 중요한 역할을 하지만 식물의 뿌리와 더불어 균근이라 불리는 공생체를 형성할 수도 있다. 대부분의 식물은 이런 공생체에 의존해 인과 그 밖의 양분을 흡수하고, 그 대가로 균류는 식물이 만들어낸 탄수화물을 지속적으로 공급받는다.

오리건 주 동부의 균사체로 덮인 땅은 1,665개의 축구장 크기에 2200년이 지난 것으로 추정되는데 지구상에서 가장 크고 오래된 유기체다.

버섯 해부학

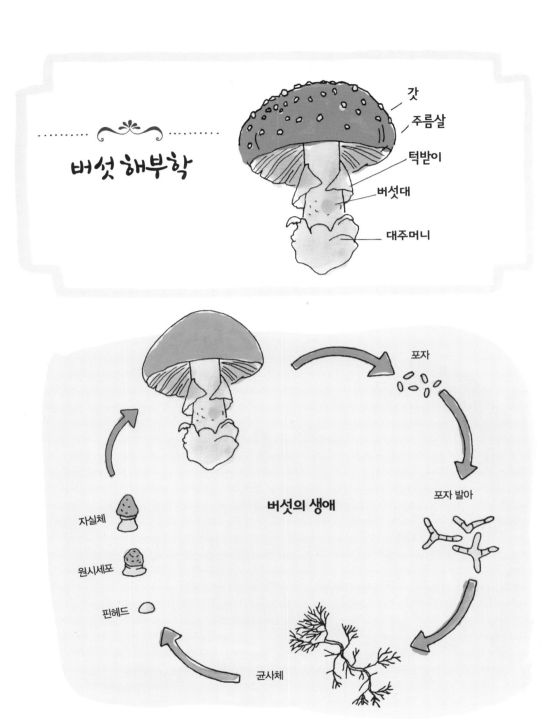

- 갓
- 주름살
- 턱받이
- 버섯대
- 대주머니

버섯의 생애

- 포자
- 포자 발아
- 균사체
- 핀헤드
- 원시세포
- 자실체

형형색색의 버섯들

비단그물버섯
(*Suillus luteus*)

이 버섯의 갓 밑에는 주름살 대신 홀씨를 퍼뜨리는 구멍인 관공이 있다.

광대버섯
(*Amanita muscaria*)

치명적인 독성을 지니고 있으나 다행히 어떤 버섯보다도 알아보기가 쉽다.

맛젖버섯
(*Lactarius deliciosus*)

이 주황색 버섯은 식용 가능하며 흠이 생기거나 오래되면 칙칙한 녹색을 띤다.

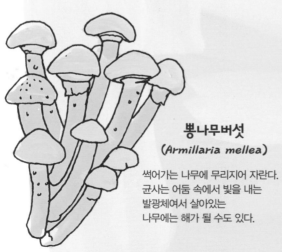

뽕나무버섯
(*Armillaria mellea*)

썩어가는 나무에 무리지어 자란다. 균사는 어둠 속에서 빛을 내는 발광체여서 살아있는 나무에는 해가 될 수도 있다.

느타리버섯
(*Pleurotus ostreatus*)

식감이 좋은 이 식용버섯은 나무에 귀처럼 달라붙은 채 무리지어 자란다.

보라끈적버섯
(*Cortinarius violaceus*)

식용 가능하나 식감은
별로 좋지 않다. 오히려
아름다운 색깔 때문에
감탄을 자아낸다.

말뚝버섯
(*Phallus ravenelii*)

썩어가는 고기 냄새를
풍기는 점액을 분비해
포자를 퍼뜨릴 파리와
딱정벌레를 유인한다.

황금흰목이버섯
(*Tremella mesenterica*)

식용 가능하지만 미끌미끌한 점액질
때문에 그다지 구미가 당기지 않는
이 버섯은 '노란 뇌'라고도 불린다.

나팔버섯
(*Gomphus floccosus*)

주로 침엽수림의 땅에서 자라며
독이 있다.

잎새버섯
(*Grifola frondosa*)

이 버섯은 맛이 좋으며 참나무
아래쪽에서 무리지어 자란다.
잎새버섯으로도 불린다.

두엄먹물버섯
(*Corprinus atramentaria*)

이 버섯은 잉크로 이용될 수 있는
액체를 분비한다. 식용 가능하나
버섯의 알코올 성분 때문에
알코올중독을 일으킬 수 있다.

썩어가는 나무에 깃들어 있는 생명들

숲 바닥의 죽은 나무는 그리 대단해 보이지 않을 수도 있지만, 썩어가는 나무는 수많은 동식물을 불러들인다. 다양한 곤충의 애벌레가 겨울의 추위를 피해 썩어가는 나무 속으로 파고 들어간다. 달팽이와 민달팽이는 나무 부스러기와 썩어가는 나무에서 자라는 균류를 선호한다. 지렁이는 상당량의 부패한 유기물을 소화시킨 뒤에 양분이 풍부한 똥을 배설한다. 썩어가는 축축한 나무는 지의류, 이끼, 꽃은 물론 다른 나무들까지 뿌리를 내리고 살아갈 수 있는 완벽한 온상의 역할을 한다.

담쟁이덩굴

딱정벌레

지네

균류

지렁이

입

항문

환절

환대

지렁이 똥
(분변토)

양치류

지의류

풀

이끼

133

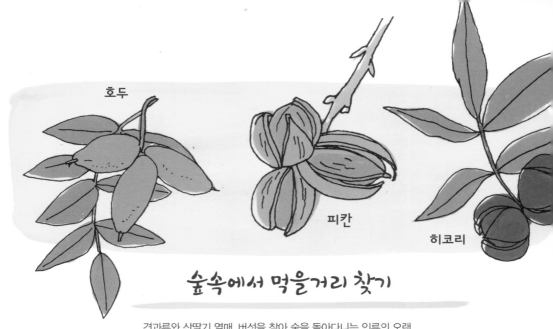

호두

피칸

히코리

숲속에서 먹을거리 찾기

견과류와 산딸기 열매, 버섯을 찾아 숲을 돌아다니는 인류의 오랜
행위는 해마다 다시 태어나는 자연의 선물을 찾는 일이었다.
그러나 고비나 산마늘은 오늘날 수많은 농산물 직판장에서도 흔히 찾아볼
수 있게 되었다. 그 밖에 숲에서 찾을 수 있는 먹을거리로는 도토리,
발삼, 가문비나무(속껍질), 층층나무(열매), 초크베리 등이 있다.

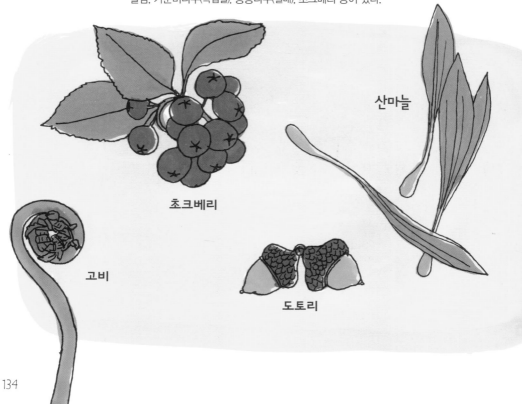

산마늘

초크베리

고비

도토리

괭이밥과 백리향이 들어간
말린 그물버섯 볶음 요리

그물버섯
(*Boletus edulis*)

재료
신선한 그물버섯 450그램, 버터 2티스푼,
화이트와인 30그램, 잘게 썬 백리향 잎과 노란 괭이밥,
소금, 후추

요리법

신선한 그물버섯은 요리할 때 흐물흐물해지는 경우가 많다. 이 경우 버섯
을 말린 후에 살짝 볶으면 버섯 고유의 갈색은 보기 좋게 유지하면서
본래의 향과 식감은 제대로 살릴 수 있다. 방법은 의외로 정말 간단하다.

부드러운 제과용 솔로 버섯에 묻은 흙을 살살 털어낸다. 꼭 필요한 경우
가 아니면 버섯은 물에 씻지 않는다. 부득이한 경우에는 소량의 찬물이나
축축한 헝겊으로 닦아낸다.

버섯을 8밀리미터 두께로 썰어 중불에서 완전히 건조시킨 프라이팬
위에 펼쳐두고 들러붙지 않도록 간간히 저어준다. 버섯이 갈색을 띠면서
수분이 거의 증발하면 버터와 포도주, 백리향을 넣어준다.
버섯이 이들 재료를 흡수할 때까지 2~3분 정도 더 저어준다.

불을 끄고 상큼한 노란 괭이밥 꽃과 잎(여러분 집 뒷마당 어딘가에서 자라고
있을지도 모른다!)을 요리 위에 뿌린다. 소금과 후추를 뿌려 간을 맞추고
리소토나 파스타에 곁들여낸다.

CHAPTER 5

길들여지지 않는 야생

동물의 세계

북미 자생종

마멋

마멋은 몸을 피해야 할 경우에 나무 위로 올라갈 수 있는 능력을 가졌다.

라쿤
(미국너구리)

라쿤의 아주 예민한 발에는 엄지발가락 없이 다섯 개의 발가락이 달려 있다. 녀석들은 수영 솜씨가 뛰어나다.

주머니쥐

북미에 서식하는 유일한 유대 동물인
주머니쥐는 캥거루처럼 주머니에
새끼를 넣고 다닌다.

등줄무늬
스컹크

수리부엉이와 마찬가지로
이 야행성 잡식동물의 주요 포식자
에게는 후각이 없다.

동부두더지

땅속에서 단독 생활하는 이들
두더지는 벌레와 유충을 잡아먹는다.
앞을 거의 보지 못하지만
청각만큼은 무척 뛰어나다.

박쥐 해부학

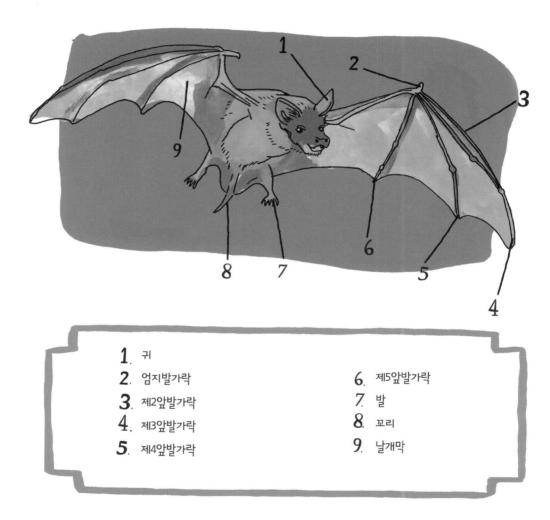

1. 귀
2. 엄지발가락
3. 제2앞발가락
4. 제3앞발가락
5. 제4앞발가락
6. 제5앞발가락
7. 발
8. 꼬리
9. 날개막

박쥐는 정말로 하늘을 날 수 있는 유일한 포유류다.

북미에서 흔히 볼 수 있는 박쥐들

포유류로 분류된 동물 가운데 20퍼센트는 박쥐가 차지하고 있는데, 지금까지 밝혀진 것만 해도
1000종이 넘는다. 곤충을 먹이로 하는 박쥐는 초음파를 이용해 먹잇감의 위치를 찾아낸다.
또한 과일을 먹이로 하는 몸집이 큰 대부분의 박쥐는 씨앗과 꽃가루를 퍼트리는 데 한몫을 한다.
동물의 피를 빨아먹는 흡혈박쥐는 세 종류지만 거의 찾아보기 힘들다.

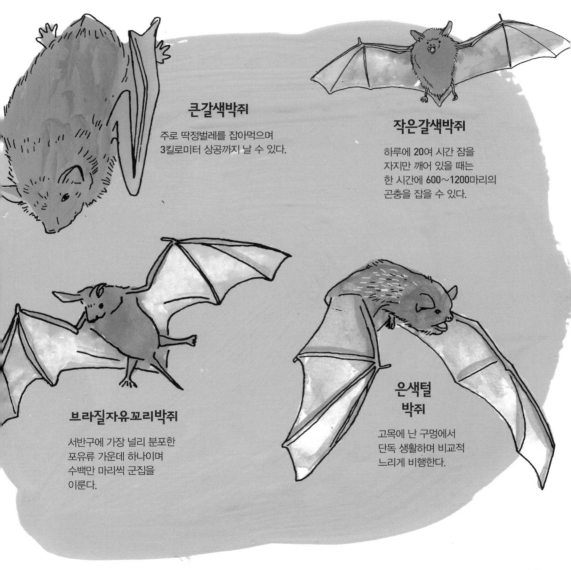

큰갈색박쥐

주로 딱정벌레를 잡아먹으며
3킬로미터 상공까지 날 수 있다.

작은갈색박쥐

하루에 20여 시간 잠을
자지만 깨어 있을 때는
한 시간에 600~1200마리의
곤충을 잡을 수 있다.

브라질자유꼬리박쥐

서반구에 가장 널리 분포한
포유류 가운데 하나이며
수백만 마리씩 군집을
이룬다.

**은색털
박쥐**

고목에 난 구멍에서
단독 생활하며 비교적
느리게 비행한다.

🌿 다람쥐 🌿

이 다람쥐는 나무를 거꾸로
내려올 수 있는 몇 안 되는
포유류 가운데 하나다.

**동부회색
다람쥐**

**아메리카
붉은
다람쥐**

주된 먹이는 잣방울과
가문비나무 열매지만
녀석들은 버섯, 싹, 꽃,
심지어 새알까지 먹는다.

이 야행성 다람쥐는 실제로
나는 것은 아니지만 옆구리에
달린 날개처럼 생긴 피부막에서
양력(揚力)을 얻어 나무들 사이를
활공하듯 타고 내려온다.
녀석들의 비행은 대개 9미터가 채 안되지만
90미터 가까이 미끄러지는 날다람쥐가
목격되기도 했다!

**북부
날다람쥐**

들다람쥐

노란가슴 마멋

마멋은 굴을 파는 대신 산악지역의
바위더미에서 살아간다.

프레리도그와 마멋은 포식자를 감지하기 위해 굴 입구에 보초병을 세워둔다.
경고음과 휘파람은 뱀이나 매가 접근한다는 신호다.

사회성이 뛰어난
프레리도그는 정교하게
만든 지하 '도시'에서
수백 마리씩 모여
살아간다. 이들은 다시
소규모 가족으로 나뉜다.

**검은꼬리
프레리
도그**

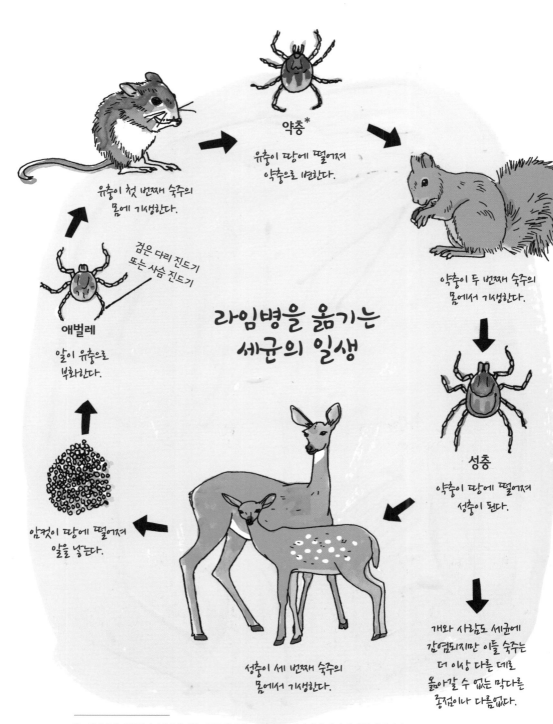

약충*

유충이 땅에 떨어져
약충으로 변한다.

유충이 첫 번째 숙주의
몸에 기생한다.

검은 다리 진드기
또는 사슴 진드기

애벌레

알이 유충으로
부화한다.

라임병을 옮기는
세균의 일생

약충이 두 번째 숙주의
몸에서 기생한다.

성충

약충이 땅에 떨어져
성충이 된다.

암컷이 땅에 떨어져
알을 낳는다.

성충이 세 번째 숙주의
몸에서 기생한다.

개와 사람도 세균에
감염되지만 이들 숙주는
더 이상 다른 데로
옮아갈 수 없는 막다른
종점이나 다름없다.

* 안갖춘탈바꿈(불완전변태)을 하는 동물의 유충. 약충은 성장하면서 점점 성체를 닮아간다.

흑곰

- 몸무게 : 45~270킬로그램
- 곧은 귀
- 반듯한 어깨
- 어깨보다 높이 올라간 엉덩이
- 둥근(볼록한) 몸체

VS.

회색곰

- 몸무게 : 135~350킬로그램
- 둥글고 짧은 귀
- 솟아오른 어깨
- 기울어진 엉덩이
- 푹 들어간(오목한) 몸체

⤝ 땅속 동물들 ⤞

붓꼬리숲쥐

꼬리에는 털의 숱이 많고 끝에
붓처럼 털이 나 있다. 반짝거리는
물체에 대한 호기심이 강해서
병마개, 동전, 음식을 싸는 호일을
줍기도 한다.

땅다람쥐

땅속에서 살아가며
먹이를 넣어두는 큰 볼주머니와
입을 닫고 있을 때도 보이는
긴 이빨을 갖고 있다.

오소리

오소리는 굴 파는 실력이
뛰어나기 때문에 어떤 위기의
순간에도 굴을 파고 땅 속으로
몸을 숨길 수 있다.

얼룩다람쥐는 부풀릴 수 있는
볼주머니에 먹이를 가득 채워
은신처로 돌아온다. 녀석들은
침실, 먹이 저장고, 화장실,
아기 방처럼 용도별로 분리된
'방'을 갖춘 굴을 널찍하게 판다.

줄다람쥐

북미에서 몸집이 가장 작으며
가장 흔히 볼 수 있다. 녀석들은
겨울이 되면 겨울잠을 자지는
않지만 오랜 시간 무기력 상태에
빠지거나 생리 활동이 줄어든다.

미니머스
줄무늬
다람쥐

다람쥐 굴

뱀

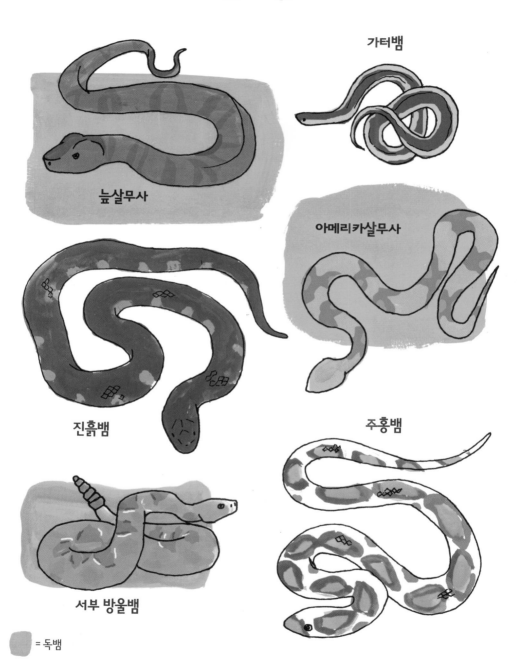

가터뱀

늪살무사

아메리카살무사

진흙뱀

주홍뱀

서부 방울뱀

= 독뱀

도마뱀

아놀도마뱀

표범무늬도마뱀

텍사스뿔도마뱀

목걸이도마뱀

미국독도마뱀

살쾡이

퓨마

사자보다 고양이에 가까운
퓨마의 서식지는 캐나다 북부에서
남미 남부에 이르기까지
폭넓게 분포해 있다.

스라소니

머리는 크고 귀는 삼각형으로 볼에는
호랑이에서 볼 수 있는 볼수염이 있다.
눈이 많이 내리는 북부에서는 스라소니
발이 사람 손보다도 클 수 있다.

붉은스라소니

뭉툭한 꼬리 덕분에 보브캣이란 별명이
붙은 붉은스라소니는 사촌뻘 되는
북부의 스라소니보다 몸집이 작고
독특하게 생긴 귀 끝에 털송이가 없다.

야생의 개

붉은여우

붉은여우는 얼굴뿐만 아니라
다리에도 수염이 나있어서
길을 찾는 데 도움이 된다.

코요테

코요테는 울부짖는 소리, 짖는 소리,
으르렁거리는 소리, 고음의 울음소리,
흐느끼는 소리, 심지어 비명소리까지
다양한 소리를 통해 의사소통을 한다.

회색늑대

늑대는 사회적 동물이며, 회색 늑대의
경우 우두머리 수컷과 암컷이
낳은 새끼들을 무리 전체가 돌본다.

흰꼬리사슴

두 번째 가지

이마 가지

화관

가지뿔이 달린 동물들

가지뿔은 뼈로 굳기 전까지 하루에 2.5센티미터만큼씩 자랄 수 있는 연골층이다. 대개 수컷에만 달리는데, 해마다 새로 자라면서 뿔갈이가 이루어진다.

엘크
(와피티사슴)

엘크는 짖는 소리, 고음으로 우는 소리, 비명소리 등의 여러 가지 소리를 통해 의사소통을 한다. 특히 수컷은 발정기가 되면 독특한 고음의 신호를 보낸다.

순록

순록은 뿔을 이용해 눈으로 덮힌 땅을 판다고 알려져 있다. 이 때문에 일부 암컷 순록에도 뿔이 달려 있는 것으로 보인다.

··· 그 밖의
뿔 달린 동물들

뿔은 케라틴으로 둘러싸인 뿔심을 가진 영구적인 몸의
부속기관이다. 대개 수컷과 암컷 모두에게서 자라며
나이를 보여주는 테가 있다.

큰뿔양

주로 산악지대에 분포하며 반달 모양
으로 구부러진 큰 뿔은 무게가
14킬로그램까지도 나간다.

가지뿔영양

시속 90킬로그램의 전력질주 기록을
보유한 가지뿔영양은 아메리카 대륙에
서 가장 빠른 육지포유동물이다.

수중포유동물

말코손바닥
사슴

위험을 무릅쓰고라도 새끼를 지키는
말코손바닥사슴은 북부의 연못이나
늪에서 수생 식물을 먹는 모습이
자주 목격된다.

수컷의 가지뿔은 겨울이면 떨어져
이듬해 봄에 새로운 뿔이 돋아난다.
녀석들의 가지뿔은 해마다
이전보다 크게 자란다.

사향쥐

사향을 분비한다고 해서 붙여진 이름
이다. 사향쥐의 꼬리는 털이 아닌
비늘로 덮여 있어 헤엄치는 데
도움이 된다.

수달

장난기가 많고 물을 좋아하는
수달은 물속에 들어가 물고기를
잡을 때는 귀를 닫는다. 입 주변에는
안테나 역할을 하는 수염이 있다.

밍크

땅이든 물이든 어디서나 잘 적응하는
밍크는 물고기, 토끼, 사향쥐, 파충류를
잡아먹는다. 녀석들은 화가 나면
고약한 냄새를 풍기는 액체를 내뿜는다.

비버 둑

· ·

비버는 개울과 강에 둑이나 거대한 굴을 만들어 환경을
바꾸어 놓는다. 비버처럼 몸집이 큰 야행성 설치류는 단단한
이빨과 턱으로 상당히 큰 나무를 잘라 물가로 끌어온 다음
적절한 위치에 영구적으로 배치할 수 있다. 비버가 만든 둑은
주변의 땅을 물에 잠기게 하는 연못을 만들어 생태계
전체에 영향을 미칠 수도 있다.

비버는 인간을 제외하고 유일하게 자연환경에
영향을 주는 존재다.

비버 집

다량의 진흙과 나뭇가지를 이용해 만든 비버 집은
겨울나기를 하고 새끼를 낳아 기르는 데 필요한
요새 같은 보금자리를 제공한다.

위험에 빠진 비버는
넓은 꼬리를 이용해
물 표면을 내리쳐서
주변에 있는 모든
생명체에게 위험을
알리는 독특한 경보를 보낸다.

도롱뇽

'도롱뇽'은 영원과 사이렌을 모두 포함해서 성체가 됐을 때
꼬리가 달리는 양서류에 붙여진 이름이다.
대개 다 자란 도롱뇽에는 폐와 아가미가 없다.
녀석들은 피부와 입에 있는 투기성 막으로 호흡한다.

미국장수도롱뇽

주름진 피부는 더 넓은 표면적을
제공해 물에서도 산소를
흡수할 수 있게 해준다.

범무늬 도롱뇽

몸에는 호랑이처럼 줄무늬가 있
으며 발바닥에는 두 개의
혹이 튀어나와 있다.

레서사이렌

몸집이 작은 레서사이렌에게는
눈에 보이는 아가미가
일생동안 달려 있다.

푸른등도롱뇽

포식자의 접근을 막기
위해 불쾌한 맛이 나는
액체를 분비한다.

붉은도롱뇽

몸 색깔은 나이가 듦에
따라 어린 시절의 밝은
빨간색이 빛을 바랜다.

붉은점영원

잘리거나 손상된 발, 눈, 턱, 그리고 일부
내장기관을 재생할 수 있다.

거북

늑대거북

꼬리와 목, 다리에 톱니모양
의 돌기가 있다. 이 거북은
등딱지 속으로 완전히
숨을 수가 없다.

거북의 등딱지는 밖으로 자란 등뼈와
갈비뼈를 비롯해 수십 개의 뼈로 이루어져 있다.

**무른
갑가시
자라**

평평하고 가죽 같은 등딱지가 달린
무른갑가시자라는 뾰족한 주둥이를
밖으로 내민 채 진흙 속에서 살아간다.

후미거북

간혹 암컷의 몸체가
수컷의 몸체보다
두 배는 큰 경우도 있다.

조각등숲거북

등딱지에는 동심축으로 홈이
팬 피라미드형의 돌기가 있다.
주로 연체동물과 작은 동물,
식물을 먹이로 한다.

비단거북 사회성과 군집성을 가진 비단거북은 서로 등위에
올라탄 채 통나무 위에서 햇볕을 쬐고 있는
모습이 자주 목격된다.

적응의 대가들

짧은꼬리땃쥐

땃쥐는 지구상에서 가장 작은 포유류에 속한다. 이 종은 독이 들어 있는 침을 분비해 자신을 보호하고 먹잇감을 제압한다.

눈덧신토끼

계절마다 피부색을 바꾸는 이 토끼는 겨울에는 순백의 코트를 입고 여름에는 갈색 옷으로 갈아입는다. 눈덧신토끼라는 이름은 눈 위에서의 보온과 기동성을 위해 털이 엉겨 붙은 발 덕분에 붙여졌다.

호저

3만 개에 이르는 호저의 날카로운 가시는 털의 끝부분이 가시로 변형된 것이다.

울버린

족제빗과에서 몸집이 가장 큰 울버린은 자신보다 훨씬 큰 동물도 쓰러뜨릴 수 있을 만큼 힘이 세다. 북미 최북단이 원산지로 거칠고 눈 덮인 지역에서도 문제없이 장시간 이동할 수 있다.

들소

들소는 공격을 받으면 힘없고 약한 새끼들 주변을 빙빙 돌면서 포식자에게 무시무시한 뿔과 다부진 어깨를 드러내 보인다.

바다 포유류

북방코끼리물범

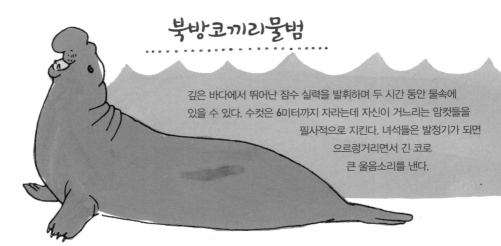

깊은 바다에서 뛰어난 잠수 실력을 발휘하며 두 시간 동안 물속에 있을 수 있다. 수컷은 6미터까지 자라는데 자신이 거느리는 암컷들을 필사적으로 지킨다. 녀석들은 발정기가 되면 으르렁거리면서 긴 코로 큰 울음소리를 낸다.

북방물개

빽빽하게 난 호사스런 털 덕분에 북방물개는 추운 북쪽 지방에서도 추위를 견뎌낼 수 있다. 수컷들은 번식지를 차지하기 위해 싸우는데, 일단 자리를 차지하고 나면 번식기 내내 꼼짝 않고 자리를 지킨다.

캘리포니아바다사자

장난기가 많은 캘리포니아바다사자는 물속에서 뛰어올라 서퍼처럼 파도타기를 하는 모습이 종종 목격된다. 녀석들은 주로 밤에 물고기와 연체 동물을 잡아먹는다.

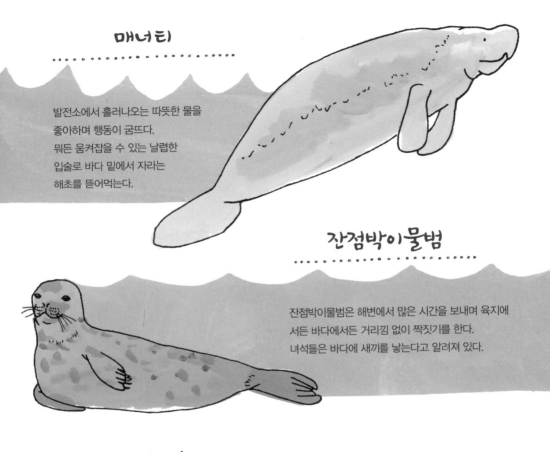

매너티

발전소에서 흘러나오는 따뜻한 물을
좋아하며 행동이 굼뜨다.
뭐든 움켜잡을 수 있는 날렵한
입술로 바다 밑에서 자라는
해초를 뜯어먹는다.

잔점박이물범

잔점박이물범은 해변에서 많은 시간을 보내며 육지에
서든 바다에서든 거리낌 없이 짝짓기를 한다.
녀석들은 바다에 새끼를 낳는다고 알려져 있다.

해달

가장 작은 바다 포유류인 해달은 대부분의
시간을 물속에서 보낸다. 물위에 뜬 채로
배위에 올려놓은 조개나 소라를 돌로
내리쳐 껍질을 부순다.

병코돌고래

사회성이 높은 병코돌고래는 사냥을 할 때 반향정위*를 이용한다.
녀석들은 몸짓 언어로 의사소통을 하며 입과 머리 위에
붙은 분수공으로 '딸깍'하는 소리와 '찍찍'거리는
소리를 낸다. 지능이 높으며 사람과의 교감을 즐긴다고
알려져 있다. 최근의 연구를 통해 돌고래가 문화적
지식을 대대로 전달한다는 사실이 밝혀졌다.

범고래

단체 사냥에 뛰어난 범고래는 잡기 쉬운
구석으로 물고기를 빈틈없이 몰아간다.
녀석들은 자기보다 몸집이 몇 배 더 큰
고래들도 추적해 이들이 죽을 때까지
물어뜯는다.

쇠돌고래

쇠돌고래의 수컷과 암컷 사이에는
강렬한 소리와 장난스런 접촉 등
치밀한 구애 행위가 펼쳐진다.

* 동물이 소리를 내서 그것이 물체에 부딪쳐 되돌아오는 음파를 받아 정보를 알아내는 것

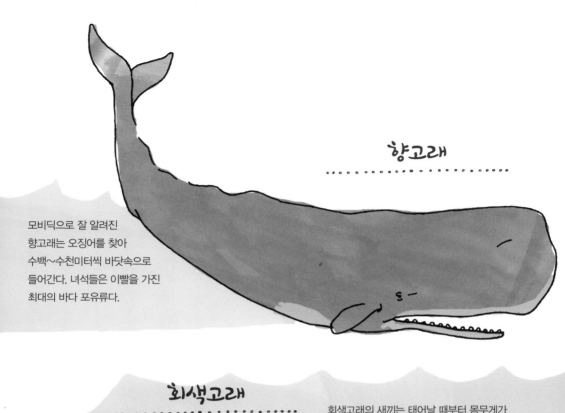

향고래

모비딕으로 잘 알려진
향고래는 오징어를 찾아
수백~수천미터씩 바닷속으로
들어간다. 녀석들은 이빨을 가진
최대의 바다 포유류다.

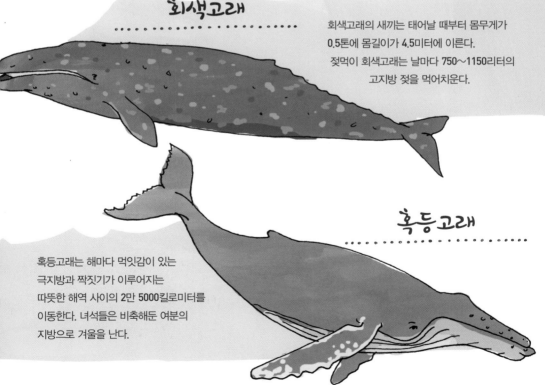

회색고래

회색고래의 새끼는 태어날 때부터 몸무게가
0.5톤에 몸길이가 4.5미터에 이른다.
젖먹이 회색고래는 날마다 750~1150리터의
고지방 젖을 먹어치운다.

혹등고래

혹등고래는 해마다 먹잇감이 있는
극지방과 짝짓기가 이루어지는
따뜻한 해역 사이의 2만 5000킬로미터를
이동한다. 녀석들은 비축해둔 여분의
지방으로 겨울을 난다.

CHAPTER 6

작은 새가 내게
말해준 것

조류의 세계

새의 해부학

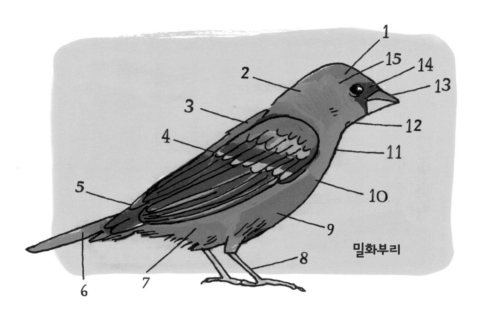

밀화부리

1. 이마
2. 뒷목
3. 등
4. 날개덮깃
5. 허리
6. 꼬리
7. 옆구리
8. 뒷발목뼈
9. 옆구리
10. 가슴
11. 목
12. 턱
13. 부리
14. 콧등
(눈과 부리 사이)
15. 귀깃

다양한 새들

붉은어깨검정새

날개 윗부분을 붉은색으로
화려하게 장식한 것이
수컷이다.

노란배딱따구리

나무에 작은 구멍을
파서 얻은 수액이
이 딱따구리의 먹이 중에서
5분의 1을 차지한다.

세이피비

다리, 협곡 벽, 구덩이에
붙어 있는 컵처럼 생긴
둥지를 살펴보면 이들을
발견할 수 있을지도 모른다.

스윈호오목눈이

사막에서 살아가는 이 새는
가시로 덮인 둥근
둥지를 튼다.

붉은
목벌새

붉은목벌새는 겨울철 중앙아메
리카로 이동하는 동안 한 번도
쉬지 않고 멕시코 만을 날아가
는 것으로 알려져 있다.

노란목휘파람새

사랑스럽게 생긴 이 새는
늪지대나 소나무 숲의 우거진
상공에 높이 둥지를 틀지만
사람을 무서워하지 않는다.

풍금새

해충의 애벌레와
딱정벌레를 잡아먹음
으로써 이로 인해
보금자리인 참나무에
실질적인 도움을 준다.

캐나다
휘파람새

고운 소리로 노래하는 이 작은 새는 땅바닥에서
썩어가는 통나무 속에 둥지를 튼다.

산박새

산박새는 짝짓기를 마치면
숲속의 다양한 산새들 무리에
합류할 수도 있다.

여새

여새 무리는 나뭇가지에
한 줄로 늘어서서 모든
새가 먹이를 받아먹을
때까지 부리를 통해
나무 열매를 전달하는
것으로 유명하다.

**플로리다
어치**

어치는 부모가 갓 부화한
새끼와 함께 머물면서
먹이를 물어다주고
돌보는 협력적인
가족 체제를 갖고 있다.

흰가슴동고비

이 새는 나무에서
곤두박질로 내려오는
몇 안 되는 종들
가운데 하나다.

**가위꼬리
솔딱새**

번식 시기가 되면
수컷은 구애 행위를
하는데 이때 곡중제비를
수없이 도는 곡예를
선보인다.

**아메리카
뿔호반새**

이 새는 물고기를
잡기 위해 호수나 강으로
곤두박질치곤 한다. 그 전에
요란스럽게 큰 소리로 지저귄다.

산갈
까마귀

혀 밑에 작은 주머니가 달려 있어서
주먹이인 소나무 씨앗을 150개
가까이 보관할 수 있다.

갈색
양진이

이 새는 날개를 접은 채
급강하하면서 간간이 날개를
파닥거리는 비행을 한다.

흑꾀꼬리

이 꾀꼬리는 가지에 길다란 지갑처럼 생긴
독특한 둥지를 짓는다.

큰뿔솔딱새

이 딱새는 둥지의 내벽 재료로
뱀 허물을 선호하지만,
여의치 않을 경우에는 비닐봉지
조각으로 대체하기도 한다.

흑백아메리카
솔새

짝짓기 철이 되면 수컷은
암컷보다 훨씬 더 화려한
깃털을 과시하지만 가을이면
다시 칙칙한 본래 색깔로
되돌아간다.

개똥지빠귀

경계심이 아주 강해서 사람이 다가가면
둥지 안으로 숨어든다. 나뭇가지 위에
그릇 모양의 둥지를 튼다.

**선인장
굴뚝새**

이 굴뚝새는 먹이인 씨앗, 과일,
작은 파충류, 곤충으로부터 필요한 수분을
모두 얻는다.

**힐라
딱따구리**

매우 건조한 지역에도 잘 적응
할 수 있다. 사와로 선인장
구멍에 버려진 이 딱따구리
둥지는 쥐와 뱀을 비롯한
다른 동물의 보금자리가
되기도 한다.

**스텔라
어치**

북아메리카의 까마귀 가운데
제일 큰 스텔라까마귀는
'까악! 까악! 까악'하고
활기 넘치게 지저귄다.
가장 소란스러운 새이기도 하다.

**고삐머리
관박새**

이 박새는 먹이를 먹는 동안 공중제비를
돌고 몸을 흔들고 거꾸로 매달리는
등의 곡예를 부린다.

깃털의 종류

외곽 깃털

반깃털

거센 깃털
(강모)

실형 깃털
(모상우)

솜깃털

안쪽 깃판

깃대 (우축)

깃촉

날개깃

뒤쪽 깃판

깃가지

새의 깃털

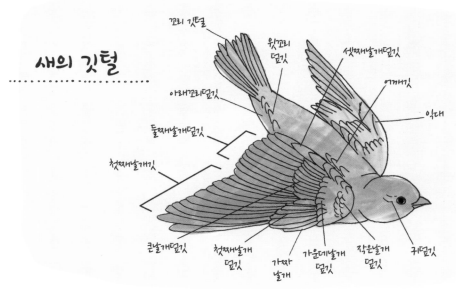

꼬리 깃털

윗꼬리
덮깃

셋째날개덮깃

아래꼬리덮깃

어깨깃

익대

둘째날개덮깃

첫째날개깃

큰날개덮깃

첫째날개
덮깃

가짜
날개

가운데날개
덮깃

작은날개
덮깃

귀덮깃

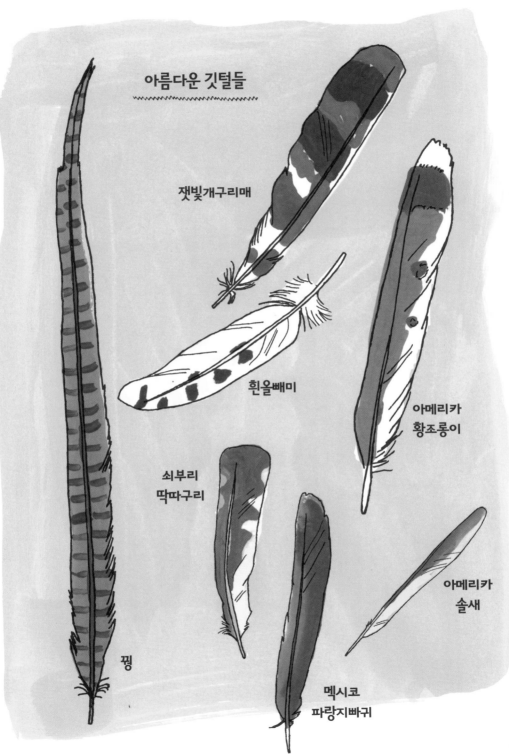

아름다운 깃털들

잿빛개구리매

흰올빼미

아메리카
황조롱이

쇠부리
딱따구리

아메리카
솔새

꿩

멕시코
파랑지빠귀

175

⚘ 새소리 ⚘

아메리카
올빼미

"삐릭-삐릭-삐릭"
(버디-버디-버디-)

"부우우엉-부우우엉-"
(너희) 요리는
누가 해주니?)*

홍관조

같은 종이라 해도 새소리는 각양각색이다. 지리적으로 고립된 개체군은 종종
전혀 다른 노랫소리를 만들어내기도 한다. 그런 소리는 시간이 지나면 고유의
'방언'을 형성할 수도 있다.

"쭈르르 쭈르르"
(그래도 난 널
정말 사랑해)**

검은가슴띠
들종다리

"찌찌 찌찌쪼로
찌이 쪼로로로로로"

캐롤라이나
굴뚝새

명금류는 노랫소리를 유전적으로 물려받는다기보다는 배워서 익히게 된다. 녀석들은 선천적으로 소리를 내지만 어린 새들은 주변의 어른 새들이 지저귀는 소리를 들어가면서 이를 터득한다.

"딱딱 딱딱딱
딱딱 딱딱딱"

노랑목딱새

어린 새들은 어른 새들의 노랫소리를 꿈꾸며 첫 번째 겨울을 보낸다(연구 결과에 따르면, 녀석들은 말 그대로 잠을 자면서 '노래 연습을 한다'). 그러다 봄이 되면 큰 소리로 지저귀기 시작한다. 대부분의 명금류는 해마다 같은 지역으로 되돌아오기 때문에 지역마다 뚜렷하게 구별되는 노랫소리가 나타난다.

"삐 잇 삐잇 삐 잇 삐 잇"
(힘내, 힘내라구.
힘내, 히힝)***

개똥지빠귀

원서에서는 이 새들의 울음소리를 사람의 말에 비유해서 다음과 같이 표현하고 있다.

*   "Who cooks for you all?"
**   "But I do love you"
***   "Cheer up cheer-a-lee. Cheer up cheer-ee-o-whinny"

다양한 새둥지

쇠백로

나무에다 크고 작은 나뭇가지를
성기게 엮어 둥지를 만든다.

집굴뚝새

깃털, 여러 가지 털, 나무, 고치,
이끼와 같은 다양한 재료를
얼기설기 엮어 작은 구멍을 만든다.

멧종다리

풀을 성기게 엮고 마른 풀, 잡초,
나무껍질을 이용해 컵 모양의
둥지를 짓는다.

안나벌새

식물의 줄기와 낙엽을 거미줄과 결합해
컵 모양의 둥지를 짓는다.
여기에 낙엽과 깃털로 내벽을 댄 다음
지의류와 이끼로 바깥을 장식한다.

큰검은등
갈매기

마른 풀, 이끼, 해초, 깃털 등을
긁어모아 둥지를 만든다.

청둥오리

풀 부스러기, 잔디, 나뭇잎으로
우묵한 둥지를 짓는다.

제비

진흙뭉치와 수염뿌리로 동굴이나
건물 서까래에 컵 모양의 둥지를
짓고 안쪽에 깃털을 댄다.

스윈호오목눈이

주변에서 가시가 달린 나뭇가지를 물어와
구형의 아늑한 둥지를 만든다.
그 다음 거미줄과 잘 마른 풀로 내벽을 대고
바닥에는 깃털과 낙엽을 두텁게 깐다.

붉은부리갈매기(웃는갈매기)

· ·

풀과 나뭇가지를 엮어 만든 웃는갈매기의 둥지는
해변의 풀밭이나 모래사장의 얕은 구덩이에서
발견된다.

울새

· · · · · · · · · · · · · · · · · · ·

잔가지, 풀, 끈, 넝마, 부스러기를 물어다
둥지를 짓고 진흙과 풀로 내벽을 댄다.

아메리카솔새

· ·

포크 모양으로 갈라진 나뭇가지에서 발견되는 컵처럼 생긴
아메리카솔새의 둥지는 나무줄기, 털, 낙엽을 이용해 만들고
수염뿌리, 목화, 깃털로 내벽을 댄다.

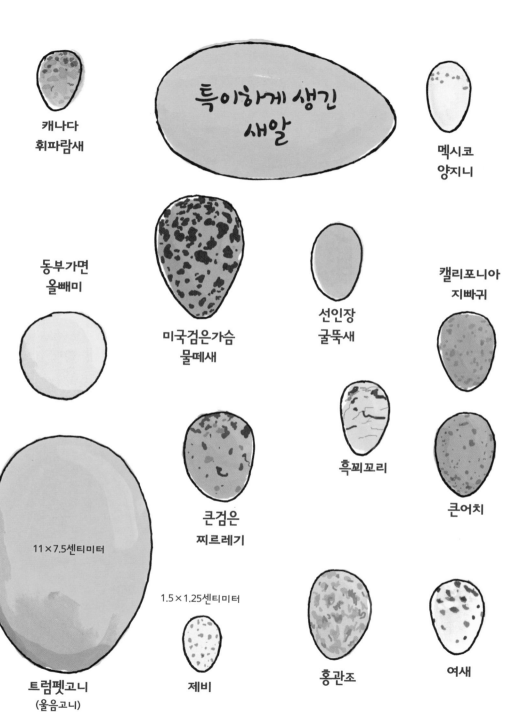

캐나다
휘파람새

특이하게 생긴
새알

멕시코
양지니

동부가면
올빼미

미국검은가슴
물떼새

선인장
굴뚝새

캘리포니아
지빠귀

흑꾀꼬리

큰어치

11×7.5센티미터

큰검은
찌르레기

1.5×1.25센티미터

트럼펫고니
(울음고니)

제비

홍관조

여새

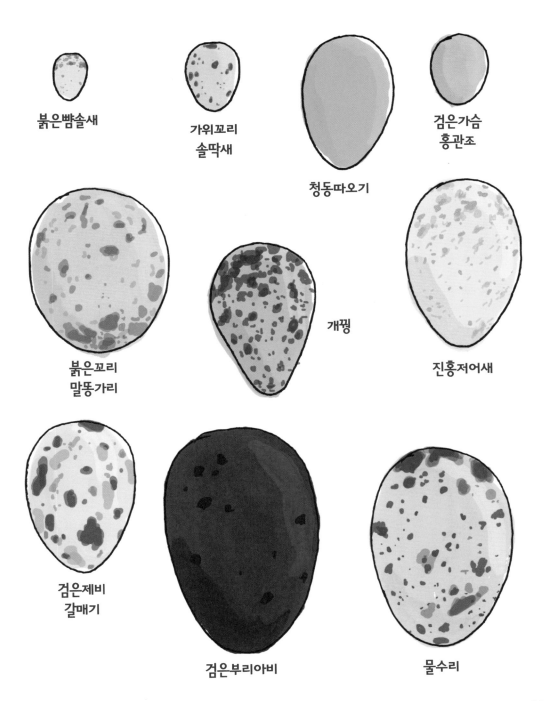

붉은뺨솔새

가위꼬리
솔딱새

청동따오기

검은가슴
홍관조

붉은꼬리
말똥가리

개꿩

진홍저어새

검은제비
갈매기

검은부리아비

물수리

흥미로운 새의 습성

구애

대부분의 새는 봄에 알을 낳는다.
이때 수컷은 특별한 노래와 춤, 공중곡예를
방불케 하는 비행으로 구애 행위를 한다.
암컷은 이런 구애 행위를 통해 수컷의
건강상태와 체력을 보고 건강한 새끼를
보장해줄 만한 배우자를 고른다.

짝짓기

수컷과 암컷 모두 배설과 생식에 함께 쓰이는
배설강이란 구멍을 갖고 있다. 수컷은 암컷을
만날 때까지 배설강에다 정자를 보관한다.
짝짓기가 시작되면 수컷은 몸을 구부린 암컷의 등
위에서 균형을 유지하며 암컷의 배설강에 자신의
배설강을 대고 비빌 수 있도록 몸을 웅크린다.
교미는 불과 1~2초 만에 끝나지만 대개
여러 차례 반복된다.

깃털 고르기

새들은 털 고르기를 하며 깃털을 청소하고
가다듬고 교정하고 방수 처리를 한다.
대부분의 새는 꼬리 부근에 있는 특별한
분비샘에서 모은 기름을 부리와 머리,
다리를 이용해 깃털 구석구석에 바른다.
새는 하루에 몇 시간씩 깃털 고르기로
소일한다.

목욕

새들은 물웅덩이나 야트막한 흙구덩이에서
목욕을 하며 깃털을 씻고 몸에서
기생충을 털어낸다.

개미 목욕

어떤 종류의 새는 날개를 활짝 편 채 개미집
부근에 누워 개미가 깃털 속으로 들어가게
만든다. 개미가 남긴 포름산이 새의 몸에
달라붙은 기생충을 몰아내는 역할을 하기 때문이다.

도구 이용하기

되새과에 속한 몇몇 종은 잔가지를 이용해
통나무나 나무줄기의 구멍에서 벌레를 불러들인다.
까마기도 이러한 방법을 취하며, 어떤 까마귀는
달리는 차 앞에 견과를 떨어뜨려 껍질을 깨는 방법을
터득하기도 한다. 또 사람들이 오리에게 먹이로
던진 빵 조각을 물고기 잡는 미끼로 이용하는
왜가리가 발견된 적도 있다.

맹금류

줄무늬새매

산지 숲이나 덤불숲에서 살면서
참새 같은 작은 새와
작은 포유류를 먹이로 한다.

붉은꼬리
말똥가리

하늘을 날아다니거나 나무와 도
로 표지판처럼 높은 곳에
앉아 있다가 작은 포유류를
사냥한다.

흰머리수리

대개 나뭇가지로 만든 커다란 둥지를
물가에 짓는데, 이는 녀석들이
물고기를 잡아먹는다는 것을 보여준다.

송골매

급강하할 때 비행속도가 시속
400킬로미터를 넘는 것으로 알려져 있다.

황무지
말똥가리

땅으로 내려와 뒤쥐(땅다람쥐)와
쥐, 심지어 메뚜기까지
사냥한다.

검독수리

새끼 사슴을 비롯해 그 밖의 대형
포유류를 사냥할 정도로 힘이 세다.

북방개구리매

잿빛개구리매라고도 불리며
땅 위에 둥지를 짓는다.

물수리

물가나 해안, 저수지에 살면서
주로 물고기를 잡아 먹는다.
물고기 사냥의 대가다.

아메리카황조롱이

작은 포유류 위에서 맴돌다가
잽싸게 먹잇감을 낚아챈다.

다양한 올빼미

올빼미의 왕방울 같은 눈은 비록 움직일 수는 없지만 대신에 녀석들은 다른 동물과 달리 270도로 머리를 회전할 수 있다. 올빼미의 얼굴은 대개 오목한 원반형인데, 이는 밤에 활동하는 먹잇감의 소리를 포착하는 데 더할 나위 없이 적합한 구조다.

참새부엉이

몸길이가 15센티미터에 불과한 참새부엉이는 상록수 구멍에 둥지를 튼다.

굴올빼미

깃털과 식물 따위로 내벽을 두른 땅속의 커다란 굴에서 산다.

헛간올빼미

칠흑 같은 어둠 속에서 소리만으로도 먹잇감을 찾아낼 수 있다.

**동부가면
올빼미**

귀털이 두드러진
작은 올빼미다.

수리부엉이

스컹크의 유일한 포식자로
알려져 있다. 녀석들이 짝짓기 할 때
내는 소리는 화음을 이루기도 한다.

흰올빼미

낮에 활동하며 대개 사람을
무서워하지 않는다.

큰 새

캘리포니아콘도르

날개폭이 30센티미터가 넘는
이 독수리는 북아메리카에서 가장 큰 새로
꼽힌다. 멸종위기에 처해 있으며 현재
야생에서 살아가는 독수리는 수백 마리에
불과하다.

터키콘도르

날개폭이 18센티미터인 활공의
명수 터키콘도르는 예민한 후각을
동원해 주먹이인 썩어가는
동물의 사체를 찾아낸다.

미국흰두루미

북아메리카에서 가장 키가 큰
이 새는 고유의 우는 소리 덕분에
후핑크레인(whooping crane)**
이라는 이름을 얻게 됐다.
야생에서 살아가는 것은
500마리도 채 안 된다.

쿠바홍학

이 새는 40년까지도 살 수
있다. 몸은 분홍색을 띠고
있는데 녀석들의 먹이인
브라인슈림프*에 들어
있는 색소 때문이다.

---

* brine shrimp. 풍년새우의 일종으로 어류나 치어의
먹이로 사용된다.

** 영어로 'whoop'은 (기쁨, 흥분 등으로) '와' 하는 함성
을 뜻한다.

다양한 모양의 부리

흰목참새

흰목참새의 부리는 씨앗을 부수고
나무껍질을 들춰내 숨어 있는 벌레를
찾아내는 데 유리하다.

**흰목고리
뿔호반새**

흰목고리뿔호반새의 쐐기형 부리는
생김새 덕분에 물에 들어갈 때
물이 튀지 않는다.

청둥오리

청둥오리의 부리는 얕은 물을 훑고
다니는 데 유용하다.

흰머리수리

흰머리수리의 부리는 먹잇감을 갈가리
찢기 쉽도록 갈고리 형태로 되어 있다.

솔잣새

솔잣새의 부리는
솔방울 껍질을 떼어내는 데
도움이 된다.

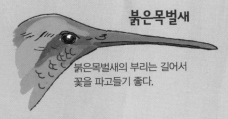

붉은목벌새

붉은목벌새의 부리는 길어서
꽃을 파고들기 좋다.

저어새 저어새는 부리를 살짝 열어 물속을 살살이 훑다가
먹잇감을 만나면 재빨리 부리를 닫아버린다.

물새

캐나다기러기

아메리카
뿔호반새

갈색
펠리칸

긴부리
마도요

물떼새

검은머리
물떼새

진홍저어새

그레이트
블루헤론

큰흰죽지

혹고니

가마우지

알락해오라기

CHAPTER 7

환상 속을 헤엄치다

수중 생명체의 세계

수역

대양(큰 바다)

지표면의 3분의 2가량을 차지할
정도로 다량의 소금물이
모여 있는 곳

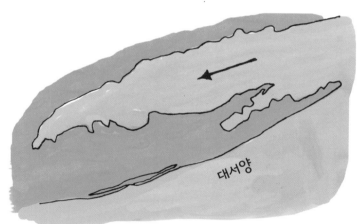

대서양

해협

두 개의 육지 사이에 끼여 있는
거대한 바다 어귀

바다

다량의 소금물이 모여 있지만
대양보다는 작다. 이따금
육지와 접하는 수역

만

일부가 육지로 둘러싸인
넓은 바다 어귀

작은 만

만보다 작은 바다 어귀

조수 웅덩이

해변의 웅덩이.
썰물 때가 되면 바다로부터
분리되는 바위가 많다.

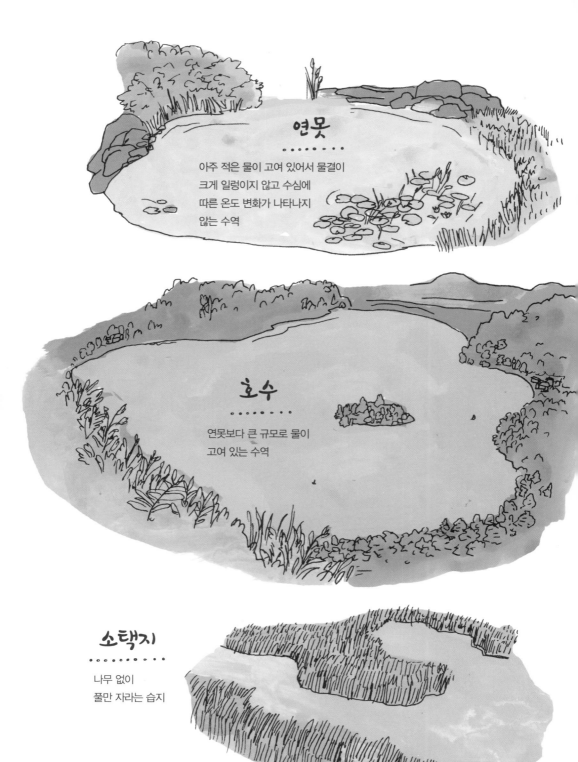

연못
· · · · · · · ·

아주 적은 물이 고여 있어서 물결이
크게 일렁이지 않고 수심에
따른 온도 변화가 나타나지
않는 수역

호수
· · · · · · · ·

연못보다 큰 규모로 물이
고여 있는 수역

소택지
· · · · · · · ·

나무 없이
풀만 자라는 습지

강

또 다른 수역을 향해 흐르는
자연적인 물길

시내

양쪽 기슭을 사이에 두고
물이 흐르는 수역으로 작은
크기의 시내에서 중간 크기의
시내까지 다양하다.

실개천

폭이 좁고 수심이 얕은
작은 시내

연못의 생태계

연못의 생태계는 크게 세 가지로 분류할 수 있다. **생산자, 소비자, 분해자**로 나누는 것이다.

식물은 연못의 주요 **생산자** 역할을 맡고 있는데 그들은 햇빛으로부터 에너지를 얻는다.

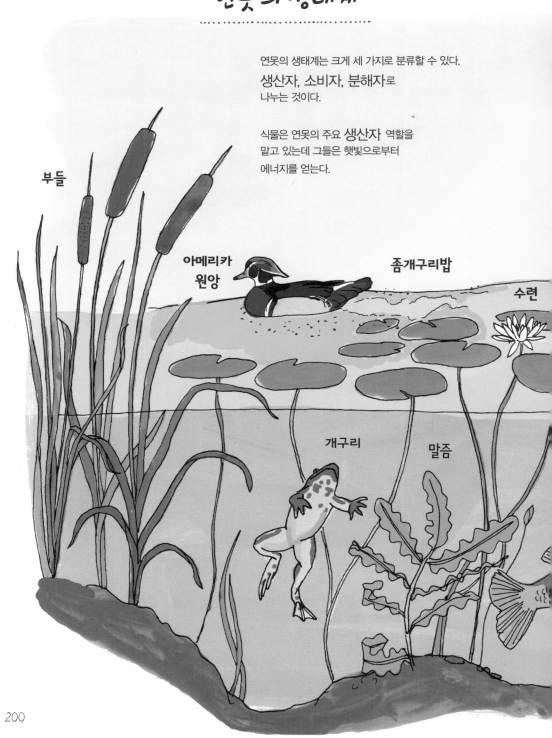

부들

아메리카 원앙

좀개구리밥

수련

개구리

말즘

연못에 다양한 생명체가 모여 풍부해지면
수면 위로 더 많은 야생생물이 모여들 것이다.

대백로

물수세미

가래

농어

소비자에 속하는 동물은
식물이나 자기보다 작은 동물을
잡아먹는다.

분해자는 썩어가는 동식물의
유기물을 먹이로 삼는데 대개
지저분한 연못 바닥에서
살아가는 세균과 곰팡이가
이에 속한다.

민물고기

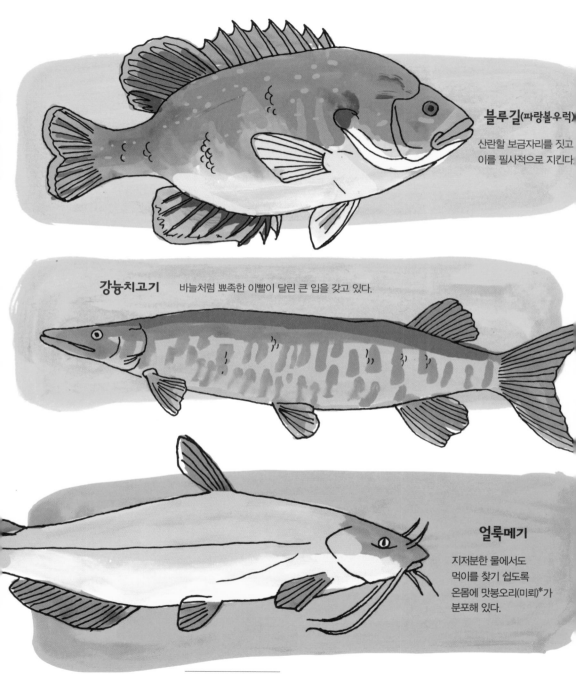

블루길(파랑볼우럭)
산란할 보금자리를 짓고
이를 필사적으로 지킨다.

강늉치고기 바늘처럼 뾰족한 이빨이 달린 큰 입을 갖고 있다.

얼룩메기

지저분한 물에서도
먹이를 찾기 쉽도록
온몸에 맛봉오리(미뢰)*가
분포해 있다.

---

* 맛을 느끼는 감각세포들이 모여 있는 곳. 혓바닥의 솟아 있는 돌기인 유두로 둘러싸여 있다.

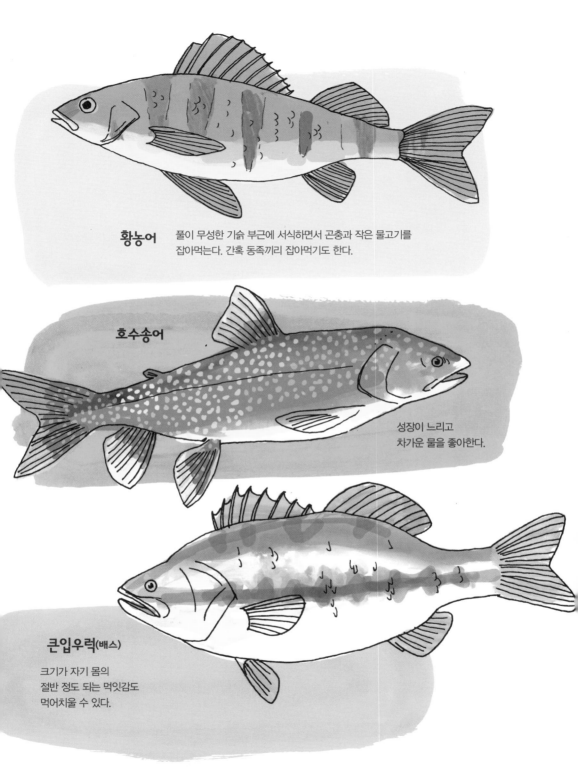

황농어 풀이 무성한 기슭 부근에 서식하면서 곤충과 작은 물고기를
잡아먹는다. 간혹 동족끼리 잡아먹기도 한다.

호수송어

성장이 느리고
차가운 물을 좋아한다.

큰입우럭(배스)

크기가 자기 몸의
절반 정도 되는 먹잇감도
먹어치울 수 있다.

연어의 일생

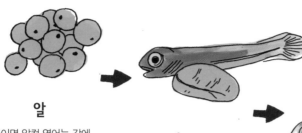

알

가을이면 암컷 연어는 강에 구멍을 파거나 자갈이 많은 강바닥에서 꼬리로 자갈을 치우고 알을 낳는다.
수컷 연어는 어백(이리)이라 불리는 정액을 알 위에 뿌린다.

전기 치어

6~12주가 지나면 알이 부화해 치어라 불리는 작은 연어가 모습을 드러낸다. 치어는 자갈 속에 숨어 지내면서 몇 주 동안은 몸에 붙은 난황주머니를 먹는다.

후기 치어

난황주머니를 다 먹고 난 어린 연어는 작은 무척추동물, 심지어는 죽은 연어의 사체까지 먹기 시작한다.

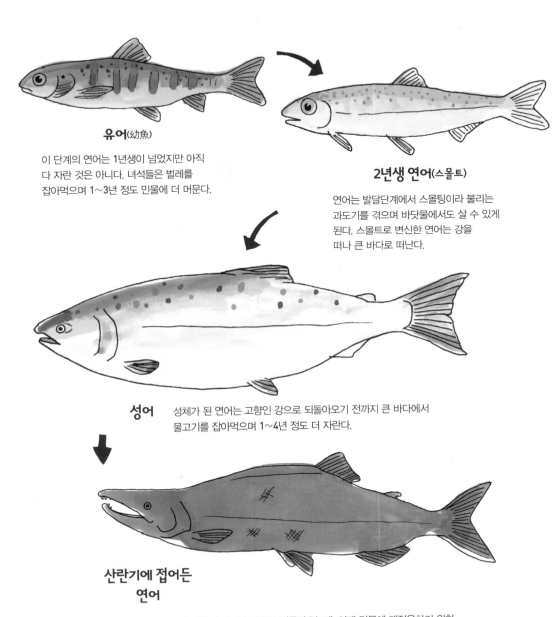

유어(幼魚)

이 단계의 연어는 1년생이 넘었지만 아직
다 자란 것은 아니다. 녀석들은 벌레를
잡아먹으며 1~3년 정도 민물에 더 머문다.

2년생 연어(스몰트)

연어는 발달단계에서 스몰팅이라 불리는
과도기를 겪으며 바닷물에서도 살 수 있게
된다. 스몰트로 변신한 연어는 강을
떠나 큰 바다로 떠난다.

성어 성체가 된 연어는 고향인 강으로 되돌아오기 전까지 큰 바다에서
물고기를 잡아먹으며 1~4년 정도 더 자란다.

**산란기에 접어든
연어**

연어는 알을 낳기 위해 자신이 태어난 곳으로 되돌아오는데, 이때 민물에 재적응하기 위한
신체 변화를 경험한다. 은빛을 띤 녀석들의 몸체는 산란과 수정을 위해 기운을 쏟느라 점차
어두운 색을 띤다. 연어는 산란을 마치자마자 죽는다. 연어의 사체는 새끼를 비롯해 수많은
동물들에게 풍부한 먹이가 된다.

물에서 살아가는 곤충들

강날도래

강날도래는 성충의 수명이 워낙 짧아서 '하루살이'라고도 불린다.

물장군

암컷이 수컷의 날개에 알을 낳으면 수컷은 부화할 때까지 알을 등에 싣고 다닌다.

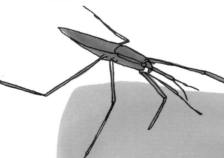

소금쟁이

몸에 붙어 있는 털은 물방울을 밀쳐내며 물위에서 미끄러지듯 움직일 수 있게 돕는 역할을 한다.

물벌레

길고 평평한 몸체 덕분에 녀석들은 연못이나 개울 바닥에서도 헤엄을 칠 수 있다.

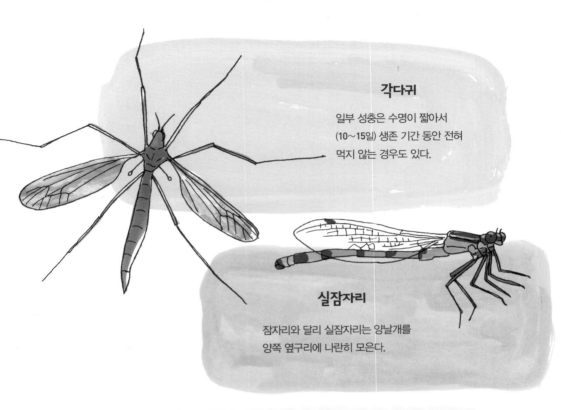

각다귀

일부 성충은 수명이 짧아서
(10~15일) 생존 기간 동안 전혀
먹지 않는 경우도 있다.

실잠자리

잠자리와 달리 실잠자리는 양날개를
양쪽 옆구리에 나란히 모은다.

쥐꼬리구더기

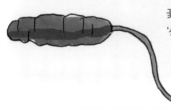

꽃등에의 애벌레인 쥐꼬리구더기는 흔히
'생쥐'라는 별칭으로 불리며 낚시용 미끼로 이용된다.

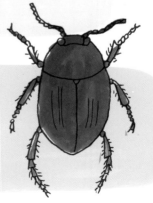

물방개

멕시코, 일본, 중국, 대만, 태국에서는
큰 물방개가 식용으로 쓰이기도 한다.

두꺼비   vs.   개구리

유럽
두꺼비

미국
청개구리

- 걷고 뛰기에 적합한 짧은
  다리

- 건조하고 울퉁불퉁한 피부

- 대개 땅에서 생활

- 이빨이 없다

- 눈이 튀어나오지 않음

- 곤충, 민달팽이, 벌레를
  잡아먹음

- 뛰고 헤엄치기에 적합한 긴
  다리

- 축축하고 매끄러운 피부

- 대개 물에서 생활

- 위턱에 원뿔모양의 작은 이
  빨이 있다

- 눈이 튀어나옴

- 곤충, 달팽이, 벌레,
  작은 물고기를 잡아먹음

포접

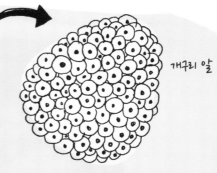

개구리 알

봄에 온갖 정성을 다해 요란스런 구애 행위를 벌인
수컷은 포접이라 불리는 포옹을 통해 물속에서 암컷과 짝
짓기를 한다. 포접은 며칠 동안 계속될 수도 있다.

암컷은 잔잔한 물속에 끈적끈적한 알을
무더기로 낳는다.

1~2주가 지나면 알에서 부화한 올
챙이가 모습을 드러낸다.

개구리의 일생

12주가 지나면 새끼 개구리는
꼬리의 대부분을 몸의
일부로 흡수해버린다.

올챙이는 초보적인 아가미를
갖고 있다. 헤엄을 칠 수
있을 만큼 강해지고
조류를 먹기 시작할 때까지
식물에 들러붙어 있기도 한다.

9주 정도 되면 긴 꼬리를 가진 작
은 개구리처럼 보인다.

부화하고 6~9주가
지나면 올챙이 옆구리에
서 앞다리와 뒷다리가
자라기 시작한다.

조간대*의 생태계

해수면대

상부 조간대

하부 조간대

---

* 해안의 만조선과 간조선의 사이를 차지하는 지대. 밀물 때는 물속에 잠기고
썰물 때는 수면 위로 모습을 드러낸다.

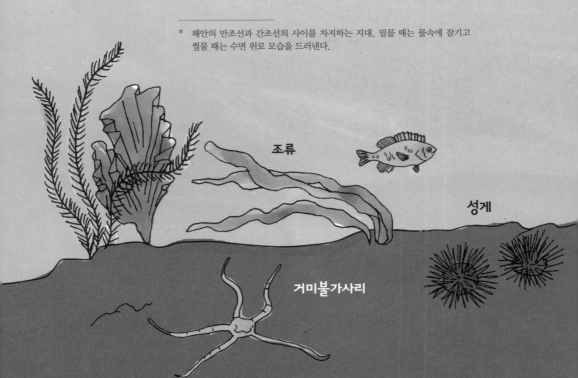

조류

성게

거미불가사리

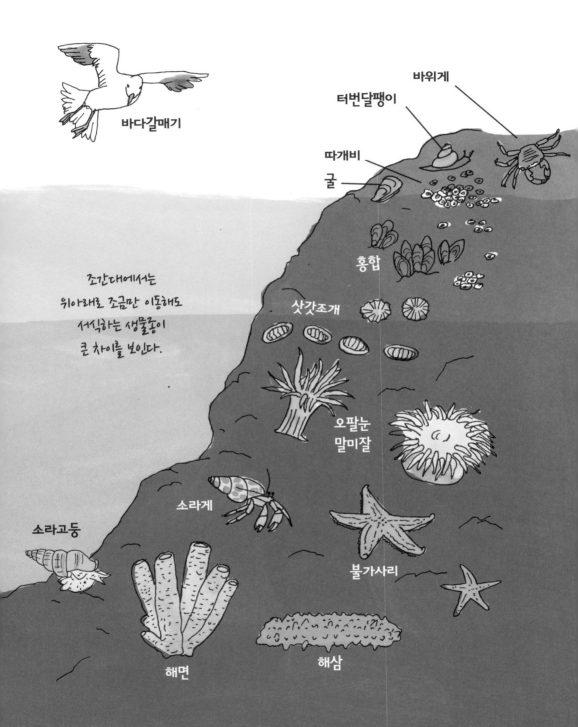

바다갈매기

바위게

터번달팽이

따개비

굴

홍합

삿갓조개

오팔눈
말미잘

소라게

소라고둥

불가사리

해면

해삼

조간대에서는
위아래로 조금만 이동해도
서식하는 생물종이
큰 차이를 보인다.

환상적인 바다어류

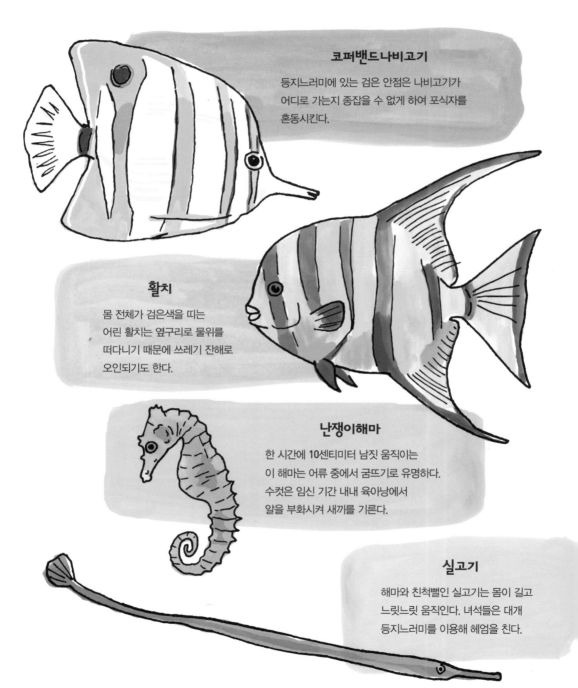

코퍼밴드나비고기

등지느러미에 있는 검은 안점은 나비고기가 어디로 가는지 종잡을 수 없게 하여 포식자를 혼동시킨다.

활치

몸 전체가 검은색을 띠는 어린 활치는 옆구리로 물위를 떠다니기 때문에 쓰레기 잔해로 오인되기도 한다.

난쟁이해마

한 시간에 10센티미터 남짓 움직이는 이 해마는 어류 중에서 굼뜨기로 유명하다. 수컷은 임신 기간 내내 육아낭에서 알을 부화시켜 새끼를 기른다.

실고기

해마와 친척뻘인 실고기는 몸이 길고 느릿느릿 움직인다. 녀석들은 대개 등지느러미를 이용해 헤엄을 친다.

212

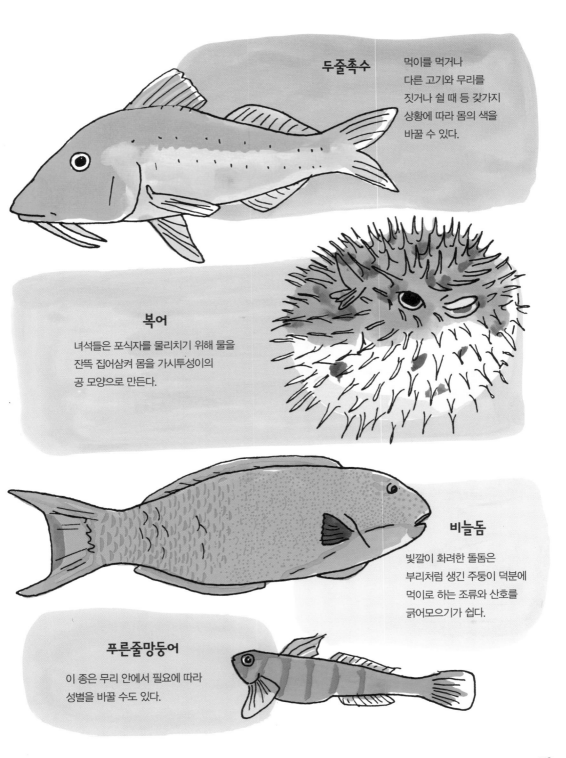

두줄촉수

먹이를 먹거나
다른 고기와 무리를
짓거나 쉴 때 등 갖가지
상황에 따라 몸의 색을
바꿀 수 있다.

복어

녀석들은 포식자를 물리치기 위해 물을
잔뜩 집어삼켜 몸을 가시투성이의
공 모양으로 만든다.

비늘돔

빛깔이 화려한 돌돔은
부리처럼 생긴 주둥이 덕분에
먹이로 하는 조류와 산호를
긁어모으기가 쉽다.

푸른줄망둥어

이 종은 무리 안에서 필요에 따라
성별을 바꿀 수도 있다.

213

해파리 해부학

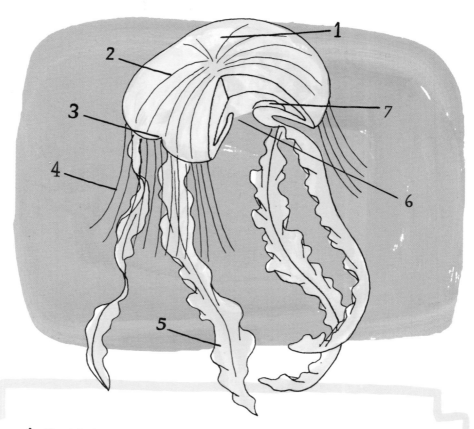

1. **갓** – 수축하며 아래쪽의 구멍으로 물을 내보내 해파리의 이동을 돕는 우산 모양의 기관

2. **관** – 갓을 따라 나 있는 일련의 관은 이른바 세포외소화를 통해 몸 전체로 양분을 실어 나르는
   역할을 한다.

3. **안점** – 갓의 가장자리에 있으며 빛에 민감한 지점

4. **촉수** – 촉각 기관

5. **구완** – 먹잇감에 독을 주입한다.

6. **입** – 먹이는 이곳을 통해 위강으로 들어간다.

7. **생식샘** – 정자나 난자를 만드는 생식기관

사자갈기해파리

가장 큰 해파리로 알려져
있으며 촉수 길이가 무려
30미터에 이른다.

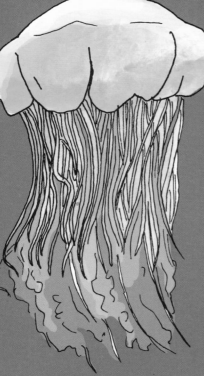

보름달물해파리

해수면 근처에 서식하는
덕분에 이 해파리는
큰 물고기와 거북은 물론
이따금 바닷새까지도
쉽게 먹이로 삼는다.

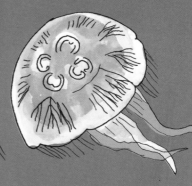

대서양
붉은쐐기해파리

플랑크톤만 먹는 다른
종과는 달리 붉은쐐기
해파리는 아주 강한 독을
쏘아서 피라미, 벌레,
모기 유충을 잡아먹는다고
알려져 있다.

고깔해파리
(포르투갈 군함)

일반 해파리와는 다른
관해파리. 군체개체로
불리며 아주 극미한
수많은 개체로
이루어진 유기체다.

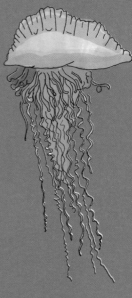

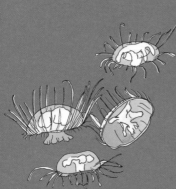

민물해파리

이처럼 작은 해파리(약
2.5센티미터)는 미국의
거의 모든 주와
대부분의 대륙에서
찾아볼 수 있다.

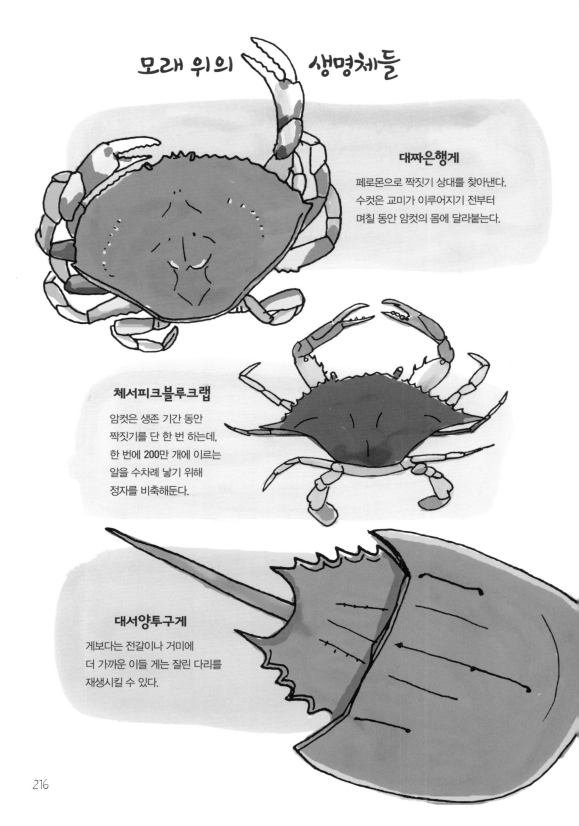

모래 위의 생명체들

대짜은행게

페로몬으로 짝짓기 상대를 찾아낸다. 수컷은 교미가 이루어지기 전부터 며칠 동안 암컷의 몸에 달라붙는다.

체서피크블루크랩

암컷은 생존 기간 동안 짝짓기를 단 한 번 하는데, 한 번에 200만 개에 이르는 알을 수차례 낳기 위해 정자를 비축해둔다.

대서양투구게

게보다는 전갈이나 거미에 더 가까운 이들 게는 잘린 다리를 재생시킬 수 있다.

홍합

홍합은 강력한 족사를 이용해 물속에서
바위에 달라붙는다. 이처럼 끈적끈적한
실조직을 외과수술이나 공업에 활용하기
위한 연구가 한창 진행 중이다.

소라게

소라게는 자라면서
새로운 껍질을 필요로
하기 때문에 또 다른
껍질을 찾아 다닌다.
껍질을 비운 더 큰 소라
게의 껍질 속으로 들어가
는 경우가 종종 있다.

코끼리조개

세계에서 가장 큰 천공조개인 코끼리조개는
길이가 1미터 가까이 되고 무게가 1킬로그램에
이르는 것도 있다. 이 조개는 수백 년 넘게 살 수도 있다.

굴

다양한 종류의 굴 가운데 상업적으로
거래 가능한 등급의 진주를 만들어내는
굴은 얼마 되지 않는다.

알주머니

알주머니는 대개 물고기가 부화하고
나서 해변으로 쓸려온다.

붉은딱지조개

태평양
분홍가리비

해변의
조가비들

플로리다콘

주노니아

비늘큰
뱀고둥

캐브릿
뿔고둥

클라스레이트
뿔고둥

고리무늬
소라

게오지

스카치보닛
고둥

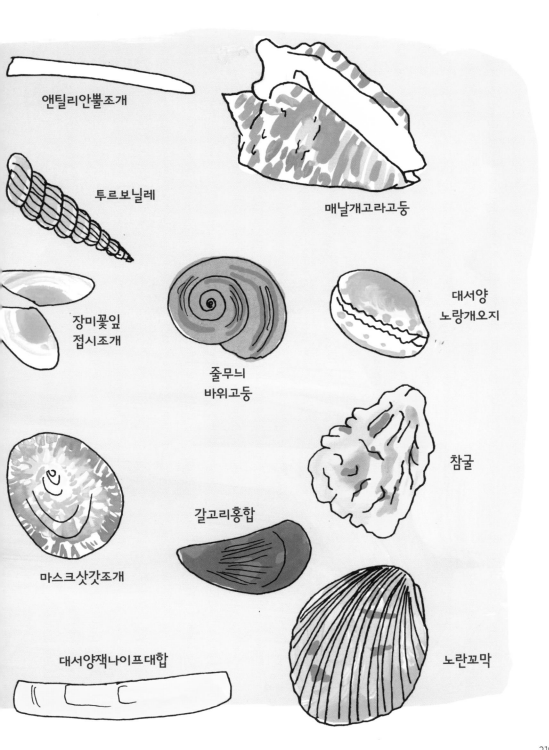

앤틸리안뿔조개

투르보닐레

매날개고라고둥

장미꽃잎
접시조개

줄무늬
바위고둥

대서양
노랑개오지

참굴

갈고리홍합

마스크삿갓조개

대서양잭나이프대합

노란꼬막

❧ 해조류 ❧

자이언트켈프

하루에 1미터 가까이 자라나
그 길이가 60미터를 넘는 경우도 있다.

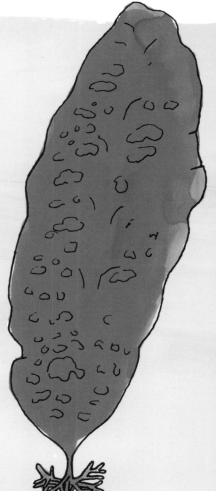

다시마

큰 파도의 위협을 받지 않는
곳에 주로 서식한다.

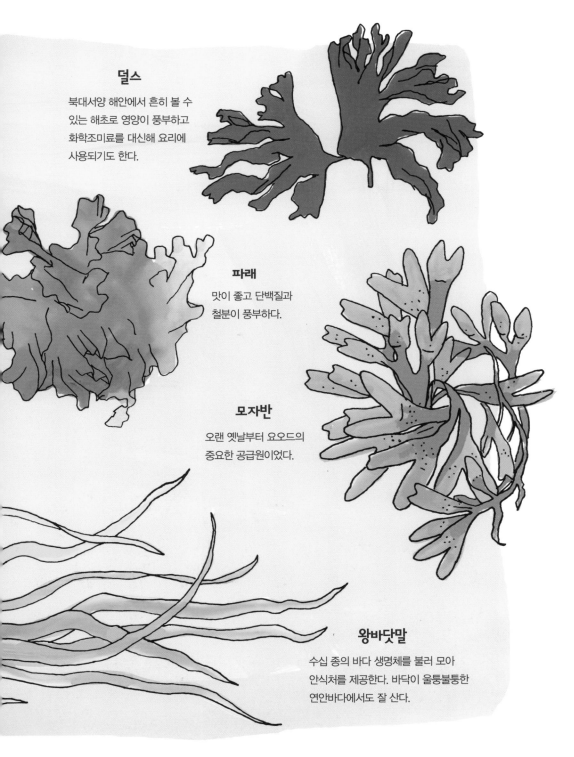

덜스

북대서양 해안에서 흔히 볼 수
있는 해초로 영양이 풍부하고
화학조미료를 대신해 요리에
사용되기도 한다.

파래

맛이 좋고 단백질과
철분이 풍부하다.

모자반

오랜 옛날부터 요오드의
중요한 공급원이었다.

왕바닷말

수십 종의 바다 생명체를 불러 모아
안식처를 제공한다. 바닥이 울퉁불퉁한
연안바다에서도 잘 산다.

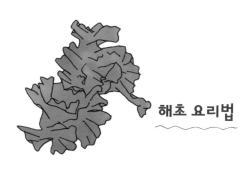

해초 요리법

해초는 칼슘, 칼륨, 비타민 A와 C, 유익한 요오드가 상당량 함유된 이른바 슈퍼푸드에 속한다. 지역에 따라 해초 채취가 특정 기간 동안 법으로 제한되기 때문에 이를 확인해 허가를 받을 필요가 있다. 유용한 해초의 확실한 식별법을 알아두고 깨끗한 물에서만 채취한다.

해초 채취는 바닷물이 빠져나간 썰물 때가 훨씬 수월하다. 여러분이 사는 지역의 공식적인 조석표를 참고하는 게 좋다.

해초를 통째로 뽑지 말고 큰 줄기에 붙은 해초 이파리를 튼튼한 가위로 조금만 자른다. 건강하게 잘 자란 해초만 채취하고 해변으로 밀려온 해초는 채취하지 않는다. 얼마나 오래 된 것인지 알 수 없기 때문이다(오래된 해초는 텃밭이나 정원의 훌륭한 토양 개량제로 활용 가능하다).

해초를 깨끗하고 평평한 곳에서 햇볕에 서너 시간 말린다. 식품건조기에 말려도 좋다. 말린 해초는 밀폐용기나 봉지에 보관한다.

신선한 해초는 오이, 참깨, 현미 식초와 함께 버무리면 맛있다. 말린 해초는 수프나 샐러드, 말린 견과류 믹스에도 넣을 수 있다.

해초페이셜마스크

말린 다시마 4장
따뜻한 물
알로에베라 젤 1티스푼
잘 익은 바나나 1/4

말린 다시마 잎을 절구나 커피 그라인더로 빻아 곱게
가루를 낸다. 다시마 가루 1티스푼, 소량의 온수, 알로
에베라 1티스푼을 그릇에 넣고 잘 섞는다. 거기에 말랑
말랑한 바나나를 넣고 포크로 으깬다. 부드러운 질감의
마스크팩을 원하면 온수를 추가하면 된다.

얼굴에 해초 마스크를 얇게 바르고 15~20분 정도 있
다가 따뜻한 물로 헹군다. 이런 천연 마스크 팩은 피부
미용을 위해 매주 바를 수 있다.

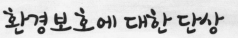

환경보호에 대한 단상

　자연은 모든 부분이 긴밀하게 연결되어 있다. 생태계의 어느 한쪽에서 작은 변화가 일어나더라도 지구 전체의 입장에서 보면 건강과 생물다양성에 엄청난 영향을 줄 수 있다.

　자연은 놀라울 정도로 회복력과 적응력이 뛰어나지만, 현재 수많은 생물종이 대대적인 멸종 위기에 처해 있는 것은 부인할 수 없다. 지구상의 자연 서식지 대부분이 인간의 훼손으로 전례 없는 위협을 받고 있다. 드넓은 원시림, 바다, 습지, 초원의 보존은 멸종 위기에 처한 생물종의 생존과 미래의 건강한 지구를 위해 중요한 문제다.

사람의 발길이 닿지 않은 황무지를 보호하고 불필요한 소비를 줄이려는 우리의 개인적인 노력이 이런 상황을 바꿔놓을 수 있다. 지구의 생물다양성을 보호하는 일에 동참하고 지금 살고 있는 지역에 어떤 환경 단체가 있는지 관심을 갖고 지켜보며 더 많은 것을 배우기 바란다.

자신이 어디에서 살든 주변의 자연과
양심적으로 긴밀한 관계를 맺으라.

참고문헌 BIBLIOGRAPHY

Alden, Peter, Richard P. Grossenheider, and William H. Burt. Peterson First Guide to Mammals of North America. Boston: Houghton Mifflin, 1987.

Baicich, Paul J., and Colin J. Harrison. Nests, Eggs, and Nestlings of North American Birds. Princeton, NJ: Princeton University Press, 2005.

———. Book of North American Birds: An Illustrated Guide to More Than 600 Species. New York: Reader's Digest Assoc. 2012.

Chesterman, Charles W. The Audubon Society Field Guide to North American Rocks and Minerals. New York: Knopf, 1978.

Coombes, Allen J. Trees. New York: Dorling Kindersley, 2002.

———. Familiar Flowers of North America: Eastern Region. New York: Knopf Distributed by Random House, 1986.

Filisky, Michael, Roger T. Peterson, and Sarah Landry. Peterson First Guide to Fishes of North America. Boston: Houghton Mifflin, 1989.

Hamilton, Jill. The Practical Naturalist: Explore the Wonders of the Natural World. New York: DK Publishing, 2010.

Laubach, Christyna M., René Laubach, and Charles W. Smith. Raptor! : A Kid's Guide to Birds of Prey. North Adams, MA: Storey Publishing, 2002.

Little, Elbert L., Sonja Bullaty, and Angelo Lomeo. The Audubon Society Field Guide to North American Trees. New York: Knopf Distributed by Random House, 1980.

Mäder, Eric. Attracting Native Pollinators: Protecting North America's Bees and Butterflies: the Xerces Society Guide. North Adams, MA: Storey Publishing, 2011.

Mattison, Christopher. Snake. New York: DK Publishing, 2006.

Milne, Lorus J., and Margery J. Milne. The Audubon Society Field Guide to North American Insects and Spiders. New York: Knopf Distributed by Random House, 1980.

Moore, Patrick, and Pete Lawrence. The New Astronomy Guide : Stargazing in the Digital Age. London: Carlton, 2012.

Pyle, Robert M. The Audubon Society Field Guide to North American Butterflies. New York: Knopf Distributed by Random House, 1981.

Rehder, Harald A., and James H. Carmichael. The Audubon Society Field Guide to North American Seashells. New York: Knopf Distributed by Random House, 1981.

Scott, S D., and Casey McFarland. Bird Feathers: A Guide to North American Species. Mechanicsburg, PA: Stackpole Books, 2010.

Sibley, David. The Sibley Guide to Birds. New York: Alfred A. Knopf, 2000.

Spaulding, Nancy E., and Samuel N. Namowitz. Earth Science. Evanston, Ill: McDougal Littell, 2005.

Wernert, Susan J. Reader's Digest North American Wildlife. Pleasantville, NY: Reader's Digest Association, 1982.

감사의 말

이번 프로젝트는 꽤 오랜 시간이 걸렸고 그간 도움을 준 많은 분들에게 이 자리를 빌려 감사의 인사를 전하고 싶다. 가장 먼저 고마움을 전해야 할 이는 편집자 리사 하일리다. 사려 깊고 놀라운 인내심을 가진 그녀와 함께 일하는 건 언제나 즐겁다. 이런저런 시도를 변함없이 믿어주고 격려를 해준 데보라 발무스와 디자인과 관련해 전문가다운 조언을 아끼지 않은 알레시아 모리슨과 스토리 팀에게도 많은 신세를 졌다. 초기에 회의를 이끌어준 팸 톰슨에겐 특별히 감사의 인사를 전한다.

친구이자 이 책을 함께 만든 존은 무궁무진한 아이디어와 흥미진진한 소재를 제공해주었다. 그가 가진 지식, 연구, 잘 다듬어진 언어는 이 책의 가치를 한층 높여주었다.

이 책은 엄마와의 공동 작업을 하게 해주었다. 마감시한을 앞두고 엄마는 일부 채색을 도와주셨고 아빠까지 나서서 스캔 작업을 거들어주셨다. 우리 가족의 대단한 팀워크라 할 만하다! 지원을 아끼지 않은 부모님께는 말로 다할 수 없는 감사를 드린다.

내 여동생은 아프리카에서 프로젝트를 진행하면서 영장류를 연구하고 환경보호 차원에서 지역사회교육에도 참여하고 있다. 올해 동생을 만나러 우간다에 다녀온 것은 내 생애에서 가장 설레는 경험이었으며 내 시야를 넓혀주었다. 대의를 위해 헌신하는 동생이 그저 존경스러울 뿐이다. nycep.org/rothman에서 그녀가 진행하는 연구를 살펴볼 수 있다.

그림을 도와준 사라 그린에게도 감사의 마음을 전한다. 그녀의 빠른 손놀림과 기분 좋은 휘파람 소리가 없었다면 작업을 끝낼 수 없었을 것이다.

마지막으로 그림과 인생에 대해 정곡을 찌르는 조언으로 나를 바로 잡아주는 영원한 동지 제니와 매트에게 고마움을 전한다. 산투와 루디를 비롯한 여러 친구들에게도 사랑한다는 말을 하고 싶다!

자연해부도감

자연해부도감

초판 1쇄 발행 | 2016년 3월 3일
초판 7쇄 발행 | 2022년 6월 17일

지은이 | 줄리아 로스먼
옮긴이 | 이경아
감수 | 이정모

발행인 | 김기중
주간 | 신선영
편집 | 민성원, 정은미, 백수연
마케팅 | 김신정, 김보미
경영지원 | 홍운선
펴낸곳 | 도서출판 더숲
주소 | 서울시 마포구 동교로 43-1 (04018)
전화 | 02-3141-8301~2
팩스 | 02-3141-8303
이메일 | info@theforestbook.co.kr
페이스북 페이지 | @theforestbook
출판신고 | 2009년 3월 30일 제2009-000062호

ISBN | 979-11-86900-04-8 (03400)